3-6岁，好妈妈一定要懂的育儿心理

木紫◎著

中国妇女出版社

图书在版编目（CIP）数据

3-6岁，好妈妈一定要懂的育儿心理 / 木紫著. --
北京 ：中国妇女出版社，2022.6
ISBN 978-7-5127-2113-5

Ⅰ.①3… Ⅱ.①木… Ⅲ.①婴幼儿心理学 Ⅳ.
①B844.12

中国版本图书馆CIP数据核字（2022）第004737号

责任编辑：朱丽丽
装帧设计：主语设计
责任印制：李志国

出版发行：中国妇女出版社
地　　址：北京市东城区史家胡同甲24号　　邮政编码：100010
电　　话：（010）65133160（发行部）　　65133161（邮购）
邮　　箱：zgfncbs@womenbooks.cn
法律顾问：北京市道可特律师事务所
经　　销：各地新华书店
印　　刷：北京中科印刷有限公司

开　　本：170mm × 240mm　1/16
印　　张：13
字　　数：165千字
版　　次：2022年6月第1版　　2022年6月第1次印刷
定　　价：39.80元

如有印装错误，请与发行部联系

前　言

PREFACE

《3 岁前，好妈妈一定要懂的育儿心理》出版后，获得了众多妈妈甚至爸爸的认可和支持。从他们的购书反馈里我了解到，他们觉得这本书促进了自己对孩子的认识和了解，帮助他们建立了科学的育儿理念，使得他们不仅重视孩子的身体成长，还学会了关注孩子的心理发展，遇到教养难题懂得去寻找解决方法，而不是被情绪主宰。总之，在教养这件事情上，他们变得更有信心了。

一些妈妈还说，在阅读过程中，懂得了育儿是爸爸妈妈都要参与的事情，缺少了谁，都可能给孩子的成长带来遗憾。于是，很多妈妈读完后还让孩子爸爸看。有的妈妈是和孩子爸爸一起看的。还有的爸爸看过后，推荐给了自己身边的好朋友。

这很符合我的写作期待。

看到家长们购书后一条又一条发自肺腑的留言，我被鼓舞了。读者受益了、孩子幸福了，我的写作初衷就实现了。爸爸妈妈们已经懂得，在育儿的路上，需要不断学习、自我修行，才能走得更顺畅。

在外人看来，孩子的成长是一个从小到大的、自然而然的、变化的过程，但对教养者来讲，却是一个不断学习科学育儿知识、了解孩子个性特点、知悉孩子发展情况、促进孩子发展的历程。如果教养者不学习，即使孩子还在幼儿阶段，爸爸妈妈面对“不听话的孩子”时也会很焦虑，常常“搞不定”孩子，觉得孩子不争气、不聪明。当孩子落后于同龄孩子时，他们就会急躁，但吼完孩子又会后悔。他们还担心孩子因自理能力差在幼儿园里照顾不好自己，不知道怎么做才能让孩子在幼儿园里表现好一点儿，愁孩子跟小朋友玩不到一起，莫名地担心孩子的未来，等等。

和世上的任何事情一样，我们要做好教养这件事，难免会遇到困难、会出现不如意的情况，会迷茫、会失落，关键在于要搞清楚自己为什么会这样，该抱持一种什么样的教养心态，如何建立一种能指引自己去寻找解决方法的科学教养观。

历时近十年的思考和学习，我又写了《3—6 岁，好妈妈一定要懂的育儿心理》。这本书立足于 3—6 岁孩子的生理特点、心理发展规律，关注孩子成长的关键点，解析日常教养过程中孩子的特别行为，帮助教养者看清这个阶段孩子的行为、情绪情感、意志品质的发展特点，力促孩子的身心和谐发展，建立起一种面向未来的“全人”发展观。

这本《3—6 岁，好妈妈一定要懂的育儿心理》不仅是送给妈妈的育儿心理书，也是送给爸爸的育儿心理书。书名中之所以用了“好妈妈”，是为了表述方便，更是为了督促每一位养育者都能给孩子如“妈妈十月怀胎”般亲密、贴心的爱。

本书秉承《3 岁前，好妈妈一定要懂的育儿心理》一书所具有的科学、实用的理念，虽仅着眼三年，却是把这三年嵌在孩子的一生中来研究，使得家长在把握这三年的教养重点的同时，也获取对孩子整体成长的认识和思考。本书立足心理学理论与实验，从科学与发展的视角详细解析了孩子的日常表现，不仅深挖了五大领域的关键点，还包括家长们特别关心和容易困惑的内容，以及这个年龄段非常重要的成长任务、容易忽视的方面等。

3—6 岁这个阶段，仍然是孩子智力发展的关键期，那么，家长怎么做才能促进孩子的智力发展呢？本书首先让家长看到 3—6 岁孩子的认知处于什么水平、具有什么特点，他们的思维模式是什么样的；然后结合日常生活环境，给出家长怎么做才能促进孩子的智力发展、使他们变得更聪明的方法。

3—6 岁还是孩子性格发展的塑形期，因为幼儿期形成的个性心理特征和行为活动倾向，常常是一个人个性的核心成分或中坚结构。虽然后天通过教育或者自我修正也能对其中一些不良个性特征进行改造，但往往是量的变化，而且需要外界的强烈刺激或者自身的艰难挣扎，否则，一个人已形成的个性心理特征和行为活动倾向是很难改变的。

那么，爸爸妈妈怎么做才能帮助孩子的性格塑形呢？首先要帮助孩子完成这个阶段的心理发展社会化任务。家长可以透过孩子的行为特点，了解孩子的心理发展，鼓励符合孩子成长需要的行为，从日常小事中引导他们形成良好的心理品质。更具体的做法，在书里会有清晰的呈现。

除以上谈到的内容，本书还包括 3—6 岁孩子的情绪情感发展、社会适应能力、人际交往、游戏游玩、生活自理能力、幼儿园生活等，都是与 3—6 岁孩子成长与发展密切相关的领域，都是需要爸爸妈妈以科学方法来对待的内容。

总之，在孩子 3—6 岁这个阶段，爸爸妈妈需要不断学习，才能做到：

分清孩子的行为性质是成长表现，还是问题行为；正确地爱孩子，而不是溺爱；懂得孩子的情绪发展规律，不与孩子的情绪较劲儿，不打压、不嫌弃；重视运动和游戏在孩子成长过程中的重要作用，会陪孩子一起玩，在玩的时候做好孩子的“脚手架”；在孩子的日常表现中，努力把握孩子的最近发展区，促进孩子各方面的水平提升。

每一个成长得好的孩子身后，都有懂教养的爸爸妈妈。他们看似云淡风轻地就养出了好孩子，实则在教养之路上，留下了一串串深耕细作的脚印。他们眼光长远，深入了解儿童心理，不断学习科学的育儿理念，坚守养育好孩子的初衷。岁月不负有心人，最终，他们收获了最美的期待。

目　录

CONTENTS

第 7 章　全面发展：拓宽孩子的行为版图

第 8 章　家园共育：促进孩子心理健康

第 1 章

获得主动感：拥有人生远航的风帆

研究与实践证明，自动自发、计划性、目的性、果断、自控等积极品质对一个人的成长与发展十分重要，可以说是他未来成功的基本要素，是积极精神面貌的展现，是生命远航的风帆。每个养育者都期待自己的孩子拥有上述品质，那么，在3—6岁时，就要着眼于培养孩子获得主动感。

主动感对于孩子的意义

两个孩子在一起玩，有人在距离他们不远的地方放了一个玩具，谁能先玩到呢？当然是先看到玩具、先走过去问大人可不可以玩的孩子先玩到。同样的，有职位空缺时，两个资历差不多的年轻人去应聘，能应聘成功的一定是拥有敏锐的职场嗅觉、敢于接受挑战、善于展示自己的那一位。从成长和发展的角度来看，“先玩到”“能抢占职位先机”的人身上有一种特质，就是有目标、有魄力、敢于表达自我，这样的品质大多数是在幼儿成长过程中获得的。

人身上的品质是在成长过程中形成和发展起来的，要想拥有好品质，就要有好的成长和形成好的人格。这样的认识不仅来自父母的教育经验，还有科学理论的支撑。

美国著名精神病医师、新精神分析学派的代表人物埃里克森认为，人格的发展贯穿一生，人在不断地解决人生发展过程中的各种矛盾中实现人格的发展。埃里克森认为，3—6 岁孩子的心理社会危机是“主动—内疚”。

在这个阶段，儿童的主要任务是获得主动感，克服内疚感。如果这个阶段的危机得到了积极解决，个体就会获得主动感，成年后就会具有自动自发、计划性、目的性、果断等积极的人格特质；如果这一阶段的危机得到的是消极解决，个体没有获得价值感，那么，成年后就会具有不思进取、无计划性、优柔寡断等消极的人格特质。

主动感怎么会拥有这么强大的力量呢？

1. 主动感伴随积极品质一起形成

在3—6岁，当一个孩子获得了主动感、克服了内疚感，他一定是体验到了无数次“目标、目的”的实现，拥有了较强的价值感。自身能力有了一定发展，但还远远没有达到做什么事情都能一气呵成的程度。对他们来说，“美好的愿望”与自身拥有的“实现的能力”之间是有一定差距的，但生命发展的内驱力会推动他们去做、去实现。他们在努力去做或者寻求帮助去实现的过程中，拥有了坚持力、克服困难的勇气、解决问题的思维模式、一心扑在这件事情上的专注力、不屈不挠的意志、探索的欲望、成就感、自信心，等等。

举个例子：同样是学骑自行车，一个孩子摔了几次后，爬起来，哭几声，在妈妈的鼓励下继续骑；另一个孩子害怕了，不想骑了，妈妈没有看懂孩子的害怕情绪只是一种本能的自我保护，并不是在理性分析下作出的正确选择，也担心孩子摔疼，于是同意孩子不再骑了。

对这两个孩子来说，他们在学骑自行车的过程中对主动感的体验也是不一样的。当有一辆没有骑过的儿童三轮车摆在眼前的时候，骑过自行车的孩子因为有了征服自行车的心理体验，他们学习的积极性会更高，学不会都不罢休。而另一个孩子，可能还是不敢去尝试。

2. 孩子拥有主动感，能促进心理健康

幼儿期是一个人为一生心理健康打基础的时期。幼儿心理健康是指幼儿的心理发展达到相应年龄组幼儿的正常水平，情绪积极、性格开朗，无心理障碍，对环境有较快的适应能力。很显然，拥有主动感的孩子更具有这方面的优势。

一个孩子在3—6岁这个年龄段，在环境的支持下，酣畅淋漓地表达并展现自我，获得了主动感，就相当于给人生定下了一个积极、主动的基调，他们乐观、向上，在与外部环境的互动过程中，他们会通过努力获得成就自己的优越感，会用积极的视角观察环境，以积极的行动实现自己的愿望，争取周围人的好感。所以，培养孩子的主动感，就是在促进孩子的心理健康。

3. 拥有主动感的孩子目标性很强

在拥有主动感的孩子心中，什么可以做，什么不可以做，接下来怎么做、做什么，都是明确的。孩子心中的蓝图是他脚下的路，他们的这种能力来自幼儿阶段获得的主动感。

天赋、客观环境都会对孩子的行为产生影响，但是孩子对外在环境的评价，以及他们对自身与现实世界关系的看法等，对行为的影响更大。面对同样的任务，做还是不做，有的孩子之所以能够根据自身的情况快速做出决定，就在于他们在过往的经验中建立了充分的自我认识，能对环境形成预判，经受得起历练。所以，这些孩子敢于并善于做出可行性计划，制

定可行性目标，并接受挑战。

4. 主动感形成后，孩子眼里的挫折变小了

挫折带有很强的主观性，因为对挫折的应对也是因人而异的。面对相同的一件事，有的人敢于挑战，有的人会出现畏难情绪，这是因为他们的能力有高低、拥有的经验不同、自信程度不同，所以对挫折的评估值就不一样。而在孩子获得主动感的过程中，随着他们能力的提升、生活经验的丰富、自我评价水平的提高，在他们心中，挫折的界定线自动就升高了。

你的孩子主动感发展良好吗

爸爸妈妈如何判断3—6岁孩子的主动感发展得怎么样呢？概括来讲，就是看孩子如何解决他的目标感与内疚感之间的冲突，或者看他如何解决强烈的做的渴望与被赞许的渴望之间的冲突，最后，孩子选择了理性的行为，放弃了不符合社会期待的行为。这个过程让孩子拥有了积极的体验，内心产生的是对自己的肯定和认可。

1. 拥有较强的行动力

孩子拥有充沛的精力，总想着去尝试新鲜的事物，来验证自己新的能力。看到小虫子，他们想都不想，伸手就抓了起来。妈妈给孩子一个橘子，孩子一点一点剥开皮后挤橘子，弄得茶几上满是橘子汁。超市里，孩子看到自己喜欢的糖，立马放进购物车里。妈妈带孩子出门玩，一到外面，孩子就开始跑，但是到了路口，孩子会自然地停下，等妈妈走过来，然后拉着妈妈的手一起过马路。

3—6岁孩子能做且想做的事情越来越多，这是一种天然的主动性，但是他们需要做到：可以做的事，才做；不可以做的事，再想做也不能做。在经历无数次类似的判断、选择后，孩子的主动感就发展起来了。

有时，理性是经验的产物。如果妈妈告诉孩子，有些小虫子不可以抓，虫子身上可能有细菌，下次再遇到小虫子，孩子会过来问妈妈："妈妈，这个小虫子可以抓吗？"如果妈妈说不可以，孩子就能够做到不抓。当孩子要喝橘子汁的时候，能够让大人帮他用榨汁机榨。这些也是孩子主动感发展得好的表现。

有时候，对于某件事，做还是不做，在孩子内心世界的表现是有两种力量在博弈。毕竟，对于这个年龄段的孩子来说，对环境以及自身的认识和判断有限，难免会犯错。在整个冲突过程中，孩子能够作出正确的选择，这份理性使得孩子获得目的性。另外，父母合理的鼓励和赞赏会增强孩子的信心，使得他们有勇气去设想和追寻目标，不会因为内疚和害怕而止步不前。

2. 他们会考虑可不可以

举个简单的例子：孩子都喜欢玩水，有时，待在家里想玩水，可家里不是海边，玩水是一种带有破坏性的行为，这一点，孩子已经非常明白。当他们端着盆或者塑料盒从水龙头上接水往客厅走，与妈妈四目相对的时候，孩子眯起眼睛朝妈妈甜甜地笑，带着些许"讨好"，一边笑一边看看手里端着的水，此时"无声胜有声"了。

妈妈当然明白孩子为什么笑成这样，有的孩子没有这么含蓄，他们会很直接地说："妈妈，我要玩小船，你别说我啊！""妈妈，我会小心点，不会把家里弄乱的。”

孩子的这种表现反映了他们理性的一面，属于自我意识情绪。他们以自己的行动确定自己动机和行为的适宜性，他们知道这么做会被妈妈制止，但还是想玩一玩，于是就有了上面争取权利的表现。出于对妈妈理解他们的回报，玩的时候他们会遵照妈妈的叮嘱“小心点”。即使玩的时候忘了对妈妈的承诺，被妈妈教训几句也不会委屈。

如果孩子妈妈觉得弄一地水也没关系，到时候带着孩子一起收拾就可以了，孩子因为玩水带来的快乐比自己多做一点儿家务更重要，那么，孩子就能玩得尽兴。如果妈妈为了不弄湿房间，干脆不让孩子玩，孩子为自己争取玩耍机会的主动性就失去了一次发展的机会。

面对玩水的诱惑，不管玩得成还是玩不成，孩子都能接受，不哭不闹，表明孩子接受了妈妈的态度，知道自己玩水会带来麻烦。这种懂事的表现很可能是因为孩子的主动感获得了很好的发展，才能知进退。

相反，如果孩子因为玩不成而大哭大闹，缠着妈妈一定要玩的话，表明孩子对事情的评判能力、自我控制能力不够。此时，妈妈该琢磨琢磨，看看孩子的主动感是不是获得了很好的发展。妈妈是不是对孩子限制过多？在孩子遇到困难的时候，妈妈有没有鼓励、帮助孩子战胜困难？

一个主动感发展得不错的孩子，一定具备自我调节能力，因为自我调节能力来自实践活动中的自我认识和自我评价，以及由此产生的自我控制。

孩子在成长过程中，会不断提升自我调节的能力，不断把发展的四大领域（生理的、认知的、情感的和社会性发展）连接起来，从而在自我愿望与社会规范之间达成平衡。这种平衡是孩子身心健康发展所必需的，对孩子来讲有一些难度，在孩子能够控制自己的行为之前，他们需要调节或控制自己的负性情绪，这些都是孩子所不擅长的。所以，当孩子出现退缩、畏难情绪的时候，妈妈帮孩子调节情绪，有利于孩子意志力的发展，从而具备应对挫折的能力。

感受生命意义，珍惜生命：体验自我价值感

家有3—6岁的幼儿，妈妈常常会听到孩子说这样的话：“妈妈，有我陪着你，你幸福吗？”“妈妈，我都能自己洗苹果了，你开心吗？”“妈妈，我今天在幼儿园里帮助小朋友了，我好吗？”孩子的这些话让妈妈感动的同时，也说明孩子认识到自己有一定的能力，有很多优点，能给别人带来快乐，体验到了自我价值感。

研究显示，一般情况下，在8岁之前，儿童无法清晰地表达出自我价值的概念，但是，这并不等于儿童的成长没有受到自我价值感的指引。

佳佳、慧慧是一对好朋友，她们经常一起玩。有一天，大人带她们去采摘。到了果园，她们看到漫山遍野的梨树上挂着黄灿灿的甜梨，两个孩子兴奋极了，纷纷跳起来摘梨子。她们从这棵树下跑到那棵树下，就是够不到梨子。

这时，大人启发她们，“爬上梯子不就够到了吗？”一听这话，佳佳立马就通过架在梨树旁的梯子，开始往上爬，很迅速地摘下了一个梨，下了

梯子将梨递给慧慧。然后，她爬上去又摘了一个，两个小姑娘擦了擦就开始吃。

吃完梨后，大人鼓励她俩再上梯摘梨，大人在树下接梨。佳佳很快就爬上去了，摘下一个就扔给大人一个。慧慧看着摇晃的梯子有点犹豫，用手摇摇梯子，更害怕了，担心自己会摔下来。妈妈说："我在下面给你扶着梯子，快上去吧，体会一下摘梨的快乐。如果你不喜欢，再下来。"慧慧同意了，很小心地一个梯度一个梯度地往上迈，够到梨后，就开始摘梨。

起初，慧慧很小心，还不停地叮嘱妈妈好好扶着梯子。摘了几个梨后，她竟然对妈妈说："梨树也不是很高，即使掉下来估计也摔不疼，妈妈，你别扶着了，去吃梨吧。"

摘完梨，大家又去河边挖野菜，两个小姑娘自始至终都没闲着，一直开开心心地忙碌着。回去的路上，两个孩子都表示，以后还要来这里摘梨、挖野菜。

很显然，对这两个孩子来说，这是特别有意义的一天，虽然她们自己可能还说不出哪里有意义，但是，通过她们的行为表现我们可以知道，在整个活动过程中，她们都体验到了做成一件事情的快乐以及自豪。对于一个大人来说，爬上梯子摘几个梨不算什么，但是对四五岁的孩子来说，别有一番意义。

1. 感受到了自身的价值

或许在这之前的每一次采摘，孩子扮演的角色都是享用者，父母是劳作者，都是父母在为孩子服务。而这次角色互换了，孩子为父母服务了。

这是未来应有的另一种家庭成员相处模式，是孩子成长的目标之一，今天孩子为家庭做事了，她心中会产生一种价值感，激励着她为父母做更多的事。

慧慧的感受更特别。生活中的她一直比较胆小，做事被动，这次她战胜了自己，突破了以往的行为范式，将自己提升到了一个新的境界，也看到了一个有勇气的自己。

当孩子一次又一次地体会到自我的价值感，他们会觉得自己行，自己有做成事情的能力。那么，当他们面对一些事情的时候，就不会害怕，更不会摸不着头脑。他们会对眼前的事情作评估，从而作出恰当的选择。选择对了，做好了，他们会满足；选择失误，没有完成目标，他们也不会气馁，而是会鼓励自己再接再厉。

2. 给孩子一个广阔的世界

3—6 岁是孩子主动感发展的关键期，如果孩子在这个阶段有良好的成长环境供他们施展，孩子会有更多的机会感受主动感。那么，在孩子的一生中，都会与“努力去尝试新鲜事物、获取新的成功”的坚持不懈精神相伴随。

对于 3—6 岁的孩子来说，他们的世界一定不能局限于家庭、幼儿园这个小圈子，而应加上大自然这个更加广阔的世界。

慧慧如果没有经历采摘这件事，她就没有爬梯子的体验，更无从体验到爬上去后没有想象的那么可怕，也不会拥有“这并不是一件很可怕的事情”的认识，更无法体验到摘到梨的满足感。

3. 让“行为倾向性”发芽

好奇心强是孩子的天性，他们遇到什么都想看看、摸摸，鼓捣鼓捣。即使孩子没有行动，他们的内心也隐含着这样的欲望，这是成长的需要，是人生始发站的力量。

这个时候，妈妈鼓励孩子行动起来，孩子的行为倾向性就发芽了，他的主动性就得到了发展。收获会使孩子明白，所有的想法都是通过行动实现的，如果想做什么就应积极行动。在自身价值不断实现的过程中，孩子的主动感就发展起来了。

让孩子成为能为自己鼓掌的人：关注自尊心

乔乔是一名5岁半的男孩。周末的一天，屋外刮着大风，天气限制了乔乔的户外活动，他只能窝在家里玩。妈妈在忙家务，乔乔没有缠着妈妈陪他玩，而是很专注地在拼搭积木。过了一会儿，妈妈听到乔乔在开心地鼓掌，走过去一看，原来乔乔用小块积木拼搭成了一个有绿色院子的大红房子。妈妈乐了，乔乔是在为自己鼓掌啊！

以前，乔乔并不能做到一个人默默地完成作品，当拼插不上或者积木倒了，他就会哭闹、喊叫。妈妈一次又一次地告诉他，积木就是这样，拼插结实就不会倒，所以需要小心一点，积木倒了就重新来，慢慢地就能做得很好了。每当乔乔完成一个作品，妈妈就为他鼓掌。

时间久了，乔乔悟出了一些道理，理解了妈妈说的话，也能控制自己不哭了，而且会琢磨着新的花样，拼出想要的形状。

当一个孩子能够为自己鼓掌的时候，说明这个孩子对自己的表现非常满意，他很享受这份努力的成果，当然也很喜欢自己。

不是每一个孩子都能够在四五岁的年龄为自己鼓掌。那么，什么样的孩子能够做到这一点呢？首要的一点就是，这个孩子的自尊建立得比较好。自尊是个体对自我的评价，是对感知到的自己拥有的品质的评价，其实质是个体是否喜欢所认识的这个“自己”。

1. 构建良好的亲子关系、同伴关系

心理学家凯西迪的研究显示，自尊植根于幼年时期与主要照顾者之间互动的结果，之后则继续受个人与有特殊意义的成人和同伴之间关系的影响。

早期依恋对个体社会性发展可能有长期的影响。心理学家沃特斯等人的研究很好地说明早期依恋和幼儿期社会性发展的关系：安全型依恋的儿童在幼儿园里通常充当领袖角色，他们发起活动和游戏、对他人的需求和感觉十分敏感，很受同伴欢迎。这样的孩子在学习、游戏、社交方面都很主动。

3 岁前孩子和妈妈建立起安全型依恋关系，使得孩子感受到自己被家里人喜欢、被这个世界所喜欢，觉得自己是值得喜欢的孩子。有这些正向的情感做指导，孩子就会按照让自己、让大众喜欢的标准去做事情，就会成为被人喜欢的人。

幼儿阶段，亲子之间努力营造互相信任、爱护的关系仍然是家庭教育的关键所在。妈妈接纳孩子的行为，不打不骂、不呵斥、不娇纵，有话好好说，更利于良好亲子关系的建立。

除了亲子关系以外，同伴关系在幼儿阶段也占有重要的地位。孩子是否被小朋友喜欢、有没有受到小伙伴的影响，都会影响孩子的归属感建立、

性格发展以及自我评价。

心理学家詹姆斯认为，我们具有被我们自己所关注、被我们自己的同类所赞赏的本能倾向。当一个孩子没有那么多小伙伴的时候，可能会对自己的价值产生怀疑。相反，当一个孩子有很多朋友一起玩，被很多人喜欢，孩子通过同伴的眼睛就能看到了一个友好、可爱、宽容、大度的自己，他们就会朝着这个方向发展。

所以，在幼儿阶段，父母不仅要注重在自己和孩子之间建立良好的亲子关系，也要为孩子创造与小伙伴相处的机会，培养孩子与小伙伴相处的能力，使得他们成长为受人喜欢的孩子。

2. 尊重孩子的人格

再小的孩子，也有自己的尊严，有着强烈的保护自己的尊严不被侵犯的愿望。这个时候，父母尊重孩子的人格，孩子有被尊重的感受，他们就会更加尊重自己。

举个例子：平时妈妈对孩子说话有礼貌，从来不大呼小叫。当孩子做错事，妈妈生气了也不打骂孩子，冷静以后同孩子讲道理，让孩子心服口服地承担行为的后果，孩子就会有一种自己是独立的个体，要为自己的行为负责的感受，并落实到行动中。当这个孩子养成做事之前考虑行为后果的习惯，他就懂得了尊重他人、尊重自己。

3. 促进孩子的主动感发展

3 岁以后，孩子的身体灵活性、行为能力、思维能力、口语表达能力、交往能力等获得了很大发展，他们接触到的环境也更广阔，他们参与和征服的欲望也更强烈。不管能不能解决问题，他们都要伸手试试。他们的大脑更加活跃，思考的内容更广博，内心有一种“我要做”“我要尝试”的冲动，而且是一边想一边行动。很多时候，他们还没来得及想就行动了。行动代表了他们内心的愿望，体现了他们的思维轨迹。

当身体的发展为认知的发展提供了条件，与认知协同发展的是他们的情绪情感体验，他们在行动的过程中感受到了自身能力的提升，拥有的一定是积极、美好的情绪体验。一旦他们感受到这种主动感给自己和他人带来的愉悦、快乐，这种行为模式就被保存下来，成为他未来生活的主体模式。因为自我体验会使得自我认识转化为信念，进而指导一个人的言行。自我体验还伴随自我评价：激励适当的行为，抑制不适当的行为。

不管孩子想做什么，裁纸、绘画、写字、扫地、洗衣服、叠衣服、拎东西、参与到做饭过程中等，只要他们想做，就给他们机会去做。他们做的行为只要有了结果，家长就给予肯定和支持，这些都能让孩子体验到行动带给自己的满足感。

先让别人做，自己看着：行为能力的萌芽

有的孩子想做什么，他们不是自己去做，而是让大人先来。此时，父母的支持是对孩子的鼓励，能促进孩子去做自己想做而又没有信心完成的事。

瑶瑶想画画，便拿过一张纸，对妈妈说："妈妈，你给我画个草莓。"如果妈妈画得不像，她就指出来："妈妈，你画得不像草莓。"如果画得像，接下来她就会让妈妈画别的。

这些日子，瑶瑶总是这样，让妈妈画水果、画动物，持续了两三个月的时间。妈妈想让她自己画，瑶瑶就说："我不会。"妈妈说："你画成什么样都行。"瑶瑶说："好吧。"可是，一会儿就哭着过来，说自己画不出来，让妈妈画。

妈妈画的画，瑶瑶一张一张地都保存下来，爱不释手，看了一遍又一遍，晚上睡觉都要把画放在枕边。又过了一段时间，妈妈发现，瑶瑶终于会主动拿起笔自己画画了。

面对瑶瑶的变化，妈妈想到瑶瑶学习用勺子、穿脱衣服、拆零食包装等的情景，瑶瑶都是在看着大人做了一次又一次后，才开始自己动手做的。

妈妈发现女儿这个成长规律后，非常愿意去做女儿感兴趣却还不敢尝试的事情，她愿意做女儿的行为榜样。

在孩子的学习方式中，有一种很重要的形式，叫作模仿学习。心理学研究显示，孩子具有延迟模仿的能力。延迟模仿是指即使榜样不在场时，仍然能够再现其行为的能力。婴儿之所以能够延迟模仿，是因为他们记住了过去发生的事情，产生和保持了有关的心理表象。

瑞士儿童心理学家皮亚杰认为，儿童内在表征系统发展的最早表现是延迟模仿的出现。儿童在观看了他人的某一行为后，具备了能够将它再现出来的能力，这种能力使得儿童将其所接收的各种表象信息，以心理符号的形式储存起来，从而促进思维的发展。

3 岁以后，孩子具有了较强的自主性，表现在模仿上，不是见到什么模仿什么，而是按自己的愿望，导演出自己要表现的内容，供自己观看后模仿。经常和孩子在一起的妈妈，自然而然地就成了孩子模仿的对象。

1. 孩子真的不会吗

当孩子让妈妈画画、剪纸、贴图片、做手工的时候，妈妈可以试着问一句:“你怎么不自己做呢？”孩子可能会说:“我不会。”对于孩子的这句话，妈妈要有正确的理解。

什么是“不会”？可能是孩子不能按照样品的样子做出来，或者担心达不到妈妈的要求，为此，他们感到心虚。

事实上，对于三四岁的幼儿来说，他们的一切行动都是服务于成长的，只要动手做了，表达出了他们内心的想法，就可以了。那么，他们为什么说“不会”呢？可能是因为来自外界的压力。

孩子完成了作品，如果大人的评价常常是负面的，比如“好丑啊”“这是什么啊”“不好看”，等等，虽然这些作品在孩子心中很完美，但被大人这么一说，孩子的成就感就没有了，不敢再行动了。

妈妈一定要明白，三四岁的孩子手部小肌肉还没有发育好，手部动作不够灵活，即使他们内心有很好的想法，但若要通过画笔、手工等表达出来还是有难度的。所以，只要孩子能够坚持完成，大人就要给予肯定，这样才能鼓励他们继续做下去。

2. 围绕行为行动起来

当孩子说他“不会”的时候，妈妈可以做一些推动工作，然后带着孩子一起做。妈妈一定要明白，孩子越小，他们获取经验的途径越多，家长满足他们好奇心的方式也越多。

举个例子：孩子想画一片树叶，可是他说不会画。那么，妈妈可以对孩子说：“我们一起去捡树叶，看看树叶都是什么样子的，然后再回来画，好吗？”面对妈妈的提议，绝大部分孩子都会答应。妈妈带孩子去公园捡回各种叶子，先教孩子认识分别是什么树的叶子，然后可以让孩子把叶子贴在纸上，绕着轮廓描出来，在此基础上，再让孩子自己画。

妈妈带着孩子做了，孩子感受了，就为孩子打下了自己做的基础。一段时间后，孩子就会自己行动了。

入园能带来主动感：温水煮青蛙效应的启示

有位妈妈说她照顾孩子比较随性，孩子舒服就好。孩子上幼儿园前，晚上带孩子在小区广场玩，小朋友们你追我赶地玩滑板车，像小马驹撒欢儿一样，特别快乐，想玩到几点就玩到几点。所以睡得也晚，孩子早晨想睡到几点就几点，只要孩子高兴。

孩子上幼儿园后，有一段时间，孩子的作息还是这样。妈妈觉得，幼儿园嘛，晚去会儿也没什么要紧。于是，只要孩子说一句："妈妈，我还没睡好。"妈妈就不喊他起床了，反正自己也懒得起。孩子说："妈妈，上幼儿园太累了，今天不想去了。"妈妈就说："好吧，妈妈带你玩儿去。"

半年下来，孩子越来越不想去幼儿园，即使去了，在幼儿园里的表现也不好。晚上睡觉前，孩子问妈妈："妈妈，明天去幼儿园吗？"只要妈妈说去，孩子就开始没完没了地哼唧。第二天早晨，仍然哭闹着不去幼儿园。

妈妈终于觉得这样不行，孩子的饮食起居没规律、玩耍没规律、睡懒觉、不吃饭、去幼儿园哭闹、幼儿园午睡时说话。起初孩子这样还可以理解，持续半年以上没有走上正轨，就太耽误成长了。

妈妈决定改变，她先从早晨入园这件事情入手，只要孩子没生病，就送孩子去幼儿园。每天早晨，妈妈提前半小时起床，准备好孩子要带的备用衣物，到点了就喊孩子起床，孩子一哼唧，就直接给他穿衣服，穿戴整齐就出门。持续一段时间后，孩子到点就醒，醒了就起床，不哭不闹，还高兴地和妈妈聊天。入园的问题解决了，妈妈继续培养他自己穿衣服的习惯，孩子也很快做到了。最让妈妈惊喜的是，孩子在幼儿园里的表现也好了，入园、回家都开开心心，晚上入睡也很快，再也没有出现过因为去幼儿园而焦虑的情况。

孩子入园后，面对他的退缩行为，妈妈要适度“狠心”。在孩子的意识深处是向往集体生活的，是想战胜自己“和妈妈在家里玩”这个舒适区的，父母不要被他们哭闹的表现所蒙蔽，要舍得推孩子一把。

对一些孩子来讲，入园是对心理承受力的一次较大的考验，他们要承受与妈妈分离、适应陌生环境、失去自由、接受规则的压力，还要独立地穿衣吃饭，不能违反幼儿园的园规。最初几天，大部分孩子选择逃避幼儿园，跟父母说不去了。有的孩子甚至去幼儿园要托费：“给我托费，我不上了。”孩子要寻找他的舒适区，想待在家里，这很正常，但是大人要看到，此时是孩子主动性萌芽的时期，入园是很好的锻炼机会。如果儿童到了入园的年龄却没有入园，入园后也经常不去，那么，在这3年的时间里，他的主动性很可能就会发展得不够充分。

从成长的角度讲，在孩子刚入园的一两个月里，少去几次幼儿园没什么，但是长期少去、不去，待在自由性相对较强的家里，就会导致孩子适应不了有规律的生活，不能养成规律生活的习惯，不能离开家走向独立，不能有效地学会规则，不能感受到小朋友一起玩的快乐，不能体会自己吃饭穿衣的满足感……孩子失去成长的机会，没有体验挑战自我的快乐，会产生消极的自我体验，必然影响积极人格的建构，以后也可能缺乏上进心，而且难以适应接下来的小学生活。

所以，入园是一次让孩子感受主动性、提升主动感的绝佳机会，尽快帮助孩子适应并体验园内生活的快乐，去幼儿园里舒展身心，是妈妈该有的认识，也应该这么做。

引导孩子感受“我能行”：获得主动感

爸妈带着诚成去爬山。天气有点冷，山上背阴地方的排水坑都结了冰，这是生活在城里的他们没有想到的。天冷，山高，大家穿得也很单薄，明显不适合爬山。但是既然来了，大家还是想挑战一下。十几分钟后，诚成累了，哼唧着说：“太累了，我走不动了。”大家路过登山车停靠站的时候，司机打招呼问要不要坐车，妈妈摇摇头。诚成又开始喊累，问什么时候能到山顶。妈妈说：“大家都很累，但是，努力一下就能到达山顶。看，那些人不是上去了吗？”妈妈的话给了诚成力量，他来了精神，还跑了起来。一路上，诚成不断和爸爸妈妈比赛，看谁跑得快。累了的时候，他就说：“妈妈，我努力一下，就上去了。”到后来，诚成确实没劲儿了，爸爸妈妈就拉着他的手，直到山顶。大家一边眺望远处的风景，一边说：“努力一下，就没那么累了。”下山的时候，诚成也坚持自己走，实在走不动，就让爸爸抱一会儿。爸爸抱诚成的时候，诚成说：“妈妈，我已经很努力了。”妈妈说：“是的，你已经很努力了。你还小，实在走不动了，可以让爸爸抱一会儿。”诚成开心地点点头。看来，他理解了妈妈的意思。

凡是做成事的人都能感悟到努力的价值。不管是谁，不管想在何时、在哪个领域做出成绩，都需要不断地努力，这是成功的基本要素。人们在工作或学习中体验成功或失败时，会寻找其中的原因。如果把影响成功或失败的重要因素归因于能力、努力等，会有很强的激发效果。要让孩子学会把努力当成影响成功和失败的重要因素，就需要让他们对努力有足够的体验。

1. 支持孩子努力的过程

妈妈要明白，3—6 岁的孩子具有一定的自我评价能力，他们心中有了对好与坏、做某件事行与不行的评判。但是整个幼儿期，儿童的自我评价能力不高，仍处于学习评价和前自我评价阶段。

他们的评价更多地注重外部行为，评价内容也比较笼统，而且往往以大人的评价为参照，很容易相信大人的评价。为了让孩子的自我评价更细致、更客观、更内在，父母要做好榜样和引领，评价孩子的时候，要去情绪化，做到冷静、客观，关注内在品质。

孩子的自我评价往往从情绪出发，带有一定的主观性。面对一个目标，在实现的过程中，他们可能会因为自身一时的感受、行为做出对自己、对事情的判断。

这个时候，父母要引领孩子理性思考、积极行动，然后做出更积极的自我评价。

就拿爬山这件事来讲，当孩子感到累的时候，他们不快乐。此时，他们对这件事的评价是：爬山太累了，我没有能力爬上去，不想爬了。如果继续攀爬，孩子能够坚持下来，不会因此而生病，反倒因为挑战了身体的极限，会有更大的满足感。如果妈妈因此就结束了爬山之旅，那么，孩子就与努力的体验擦肩而过了。

所以，为了让孩子获得努力的体验，对努力作出积极的评价，妈妈要支持孩子努力克服困难。

周末或者夜晚，当家人各自忙着自己的事情时，孩子也会做自己的事情，比如，安安静静地码轨道、组装小汽车、拼图、走迷宫等。孩子遇到挫折、出现搞不定的情况时，如果孩子没有求助，只是独自哼唧、呼喊，妈妈可以回应一句“宝贝正在努力呢”，但最好不要走过去帮忙。他们的呼叫是自身情绪的发泄，并不意味着他们没有想办法。如果孩子喊妈妈过去帮忙，妈妈要表现出支持的态度，给孩子一个建议，鼓励孩子继续完成。

孩子在做事情的过程中，总会努力想办法，当这种行为成为一种习惯后，孩子的认知就提升了。当孩子悟出“努力会带来好结果”的道理，表现在行动上自然是努力进取、勇于克服困难、不怕失败。

2. 看重孩子努力的状态，给出积极的评价

对这个阶段的孩子来说，努力意味着要专注于某一件事，这与他们的注意力容易转移、持续性较差的特点是反方向的。所以，独立完成一件事对他们来讲具有一定的难度，需要妈妈的鼓励。鼓励要讲究时机，对于孩子轻而易举就能完成的事，没必要在孩子做的过程中鼓励。

妈妈给孩子创造做事的机会，也是一种鼓励。妈妈做事的时候，孩子会靠过来，跟着妈妈一起做。这个时候，妈妈可以给孩子一个小任务，问

问他想不想做。如果孩子想做，就跟孩子拉钩，约定一定要做完。有言在先，孩子完不成就要接受惩罚。

如果孩子完成了，妈妈就要鼓励孩子："谢谢你，妈妈看到了，你做得很努力，努力就会有好结果。"要知道，就是这么普普通通的一句肯定的话，会让孩子觉得做事要努力，努力是一种好的表现，而且努力后，自己也会很开心。

如果妈妈说一句："看到你这么努力，妈妈真是太开心了！"这会让孩子明白，妈妈赞赏努力，那是妈妈的价值取向。孩子就会认可努力，以后做事就会表现得更积极主动。

第 2 章

变得更聪明：根据认知特点，开展智力活动

没有哪个妈妈不期待自己的孩子拥有较高的认知水平，比如，希望孩子理解能力强、反应快、表达能力突出、记忆力好。通俗一点来讲，就是“聪明”，这样的孩子在未来的学习和生活中才会表现优异。那么，在3—6岁这个年龄段，妈妈要怎么做才能促进孩子的认知发展呢？

促进孩子的想象力发展

廷廷四岁半，爱说爱唱爱跳。有一天，他在家里唱：“12341234像首歌，绿色军营绿色军营教会我……”爸爸说：“爸爸当兵的时候，每天都唱这首歌。”廷廷说：“我小时候当兵的时候，也老唱这首歌。”爸爸竖起大拇指给他点赞。

妈妈筹划着去旅游，说多年前去青岛的时候，吃海鲜很过瘾，要再去一次。廷廷接过话茬儿说：“我小时候去青岛，一次吃了8个大螃蟹，都吃撑了，太美味了。”逗得妈妈哈哈大笑。

四五岁的孩子想象力特别丰富，他们敢想敢说，有时分不清现实和想象，常常想到什么就当发生过的事情说出来。幼儿期是想象力最为活跃的时期，在思维活动中，创造性决定了活动的品质和高度，而想象是实现思维创造性的重要途径。

想象是对头脑中已有的形象进行加工、重新组合为新形象的过程，是以记忆表象为基本素材并加以改造的过程，想象力就是重新组合新形象、改造记忆表象的能力。孩子的想象力越丰富，他们创造新形象的能力越强，记忆中的表象也就越丰富。

那么，问题来了，孩子掌握那么多记忆表象有什么用呢？能让孩子变得更聪明吗？对孩子未来的学习有帮助吗？答案是肯定的。在思维活动中，表象是感性支柱，在思维活动中发挥着重要的作用。

1. 表象为概念的形成提供了感性基础

表象是认知过程的一个重要环节，它既有直观性，又有概括性。举个例子，一说到买苹果，我们的脑海里就会蹦出一些红彤彤的形象，还会产生脆甜脆甜的期待。从直观性来看，它接近于知觉；从概括性来看，它接近于思维。表象离开了具体的事物，摆脱了感知觉的局限性，因而为概念的形成奠定了感性的基础。有了表象的支持，儿童更容易形成抽象的概念。所以，在儿童时期看得多、接触广泛的孩子，大脑里积累的表象也就越丰富，以后，他的思维也就更活跃。

2. 表象促进问题的解决

表象在问题解决中的作用，可以说是持久而关键的。在问题解决过程中，如果有已有表象的参与，解决起来更容易。当有人要设计一个建筑物，他的头脑中如果没有以往积累的各种建筑物的形象，必定无法结合当下的建筑要求，构建出一幅新的建筑草图。如果一个儿童没有见过河流，让他描述出河水流动的样子，描述得形象逼真会很难。所以，孤陋寡闻的孩子写出的作文要么干巴巴，要么没有真情实感。

根据表象创造程度的不同，可以分为记忆表象和想象表象，想象表象就是想象力的产物。由此看来，在3—6岁这个年龄段，家长保护并激发儿童去想象，促使他们提升想象力，能够丰富孩子头脑中的表象，提升孩子的思维能力。

1. 包容孩子想象的凌乱性

幼儿阶段，孩子想象的内容是从无意想象向有意想象过渡，很多时候是天马行空的无目的的想象，一会儿想起这个，一会儿又想起那个；一会儿拿起这个玩具，一会儿又拿起那个玩具，想到什么就玩什么。孩子玩的时候，即使刚开始带着目的性，玩着玩着就忘了。这种状况持续到幼儿阶段后期，也就是五六岁以后，就会有所改变，那时可以看到他们能够安安静静地围绕一个主题玩耍。

在游戏活动中，孩子的想象特点表现为从无主题、随意玩过渡到有主题地玩。如果有几个3岁的孩子围在沙滩上玩，他们虽然各自手里拿着玩具，不停地忙碌着，但几乎是各玩各的，谁碰了谁的作品，都会遭到抗议。但是到了幼儿阶段后期，如果几个五六岁的孩子在沙滩上玩，他们可能一起合作垒个城堡或者建一条高速路，总之，是带有一定目的性的。其间，有分工，有合作，即使发生争执，也多是关于作品内容的，一般都能协调好。

妈妈要认识到，不管孩子的想象有没有条理或者逻辑，都是孩子最真实的思维形式的反应，妈妈顺应他们或者引导他们进入更广阔的领域，能促进孩子想象力的发展。

2. 多多刺激孩子去想象

想象活动按照是否有目的性，可以分为无意想象和有意想象。根据想象内容的新颖程度和形成方式的不同，有意想象又可分为再造想象和创造想象。

幼儿阶段，儿童想象的形式以再造想象为主。再造想象只是对头脑中的表象进行复制或者模仿性加工，只有到了幼儿中期以后，创造想象才开始发展。创造想象经过更深入地分析、综合、加工、改造，形成的形象更新颖、更独立。

如果想让孩子较多地进行想象，妈妈可以描述一些孩子感兴趣的情景，被内容触动的那一刻，孩子就会产生想象。妈妈多带孩子出去玩，面对新的环境中的新景象，孩子会产生联想，从而创造出新形象。

当孩子拿着土豆当球踢的时候，妈妈不妨和他一起踢，同时别忘了问问孩子，和足球比，哪个踢起来更轻松呢？孩子若回答是足球，妈妈就可以用足球换下土豆，还要告诉孩子："土豆是用来吃的，不是用来踢的。"

3. 不要在意孩子夸大的言辞

现实生活中，孩子常常会口出狂言，把小事情夸大。比如，孩子说我老家有个特别大的院子，我敢拿起一条小蛇，我吃了一个房子那么大的面包。这个时候，妈妈不要觉得孩子在吹牛，即使孩子的表达跟事实有出入，甚至把别人做的事情移植到自己身上来，也没关系。他们这个年龄段就是容易把想象当真。

有时候，幼儿会处于分不清现实和想象的状态，把想象当成现实表达出来。现实中见到的某个物品或者某个场景，孩子可能只注意到了一部分，或者理解了一部分，其他的内容就靠想象来补充，所以，他们说的话与事实不符。了解孩子的这个特点，妈妈就不会斥责孩子了。

幼儿思维一大特点：自我中心性

在妈妈眼里，有的孩子真的是不听话：妈妈忙着炒菜，油都下锅了，他就是哭喊着让妈妈帮他码积木；妈妈说，感冒了，不能吃冰棍，可他一个劲儿哭闹着要吃。当孩子的要求被妈妈拒绝的时候，即使妈妈拒绝的理由很充分，孩子为什么还是执意争取呢？

原因在于孩子思维的自我中心性的特点导致他们的观点采择能力很差，不能认识到对同一个事物或事件，别人可能会有不同的观点和看法，不会站在他人的立场看待问题。

关于儿童思维的自我中心性，心理学家皮亚杰做过一个特别有名的实验，叫作三山实验。实验过程是这样的：

实验人员让被试儿童围绕一个桌子看了一圈，桌子上摆放着三座不同的山的模型。然后实验人员让被试儿童坐在一个位置上，再拿出图片让这个孩子选出坐在其他位置会看到的模型的样子。

结果，4 岁的儿童只选择了从自己的角度看到的模型的图片。这说明，这些儿童的思维具有自我中心性，不具备观点采择能力。他们不能站到别人的角度思考问题，当然就不知道对于同一个事物或者事件，别人可能会有不同的观点和看法，不同的人会采用不同的方式了解和解释客观世界。所以，当妈妈的一些建议不能让孩子改变想法时，妈妈不要因此而苦恼甚至绝望。妈妈引导了，孩子听不进去也正常，随着思维模式的改变，他们就能理解妈妈的良苦用心了。

儿童的成长是一个去自我中心化的过程，也就是获得观点采择能力的过程。当一个儿童拥有观点采择能力后，他们就能从他人的角度看待问题，能识别、理解并体验他人的情绪情感，知道自己也是他人思考的对象。那时，他们的思维水平、社会交往水平都会迈上一个新台阶。

儿童观点采择能力的发展需要一个过程，因为刚出生的孩子认为自己与这个世界是一体的。慢慢地，他们通过对身体的唤醒、对空间距离的认识、对不同个体的感受，把自己与外界区分开，并逐步建构出一个独特的自我。在认识自己的过程中，他们也会认识他人，但是要他们站到他人的立场上看待问题，还需要一个过程。皮亚杰认为，7岁前，儿童是以自我为中心的。也有学者通过实验证实7岁前儿童有时也具有某些去自我中心的表现或者说观点采择能力。总之，儿童的观点采择能力，在整个学前期和学龄期呈现的都是一个渐进的过程。

1. 理解儿童的自我中心性

儿童的自我中心性的思维特点，决定了他们的行为带有很强的自我性，顾及不到他人的感受。

比如，孩子们一起在小区广场上玩，看到一只小虫子后，都过来观察。

看着看着，一个男孩就要伸出脚踩。其他小朋友不想小虫子被踩死，就说“不要踩，不要踩”，可男孩还是伸出脚踩死了小虫子，惹得一些小朋友哭了起来。

大人可能会因为这个男孩的莽撞行为而生气，但大人还是要告诉他，做事之前要考虑一下他人的感受，即“你踩了虫子，虫子会疼、会死，别的小朋友会难过，所以不能这么做”。

说一次可能不见效，但多说几次后，孩子的大脑就开窍了，最起码他能知道当别的小朋友不开心、阻止自己的行为的时候，自己就不能做。

儿童学会站在他人的角度考虑问题，需要一个过程。皮亚杰认为，认知发展和特定的社会经历即与同伴的争执最终会导致自我中心语的消失。当孩子的自我中心语消失以后，他就能够注意别人的说法，孩子的世界里也就有了他人。

2. 辩论是一种很好的促进去自我中心的方式

成长是一个社会化的过程，孩子只有走进社会，接触到大人和同龄人，才能了解社会、习得社会规则。孩子通过与其他同伴争辩，不断地发现其他人的观点和自己的不一样。为了表达自己的观点，孩子就要想办法让对方听懂自己说的话，在这个过程中，自己的世界里就有了别人。

有些孩子在语言发展的过程中，可能出现过你我不分的情况。比如，爸爸说：“去，找你妈妈。”过一会儿，爸爸问孩子去了哪里，孩子可能会说：“找你妈妈去了。”这就是语言的一个自我中心性的表现。孩子语言的自我中心性折射出孩子思维的自我中心性。

研究显示，4 ~ 7 岁时，儿童的语言会不再那么以自我为中心了。当一个孩子说了什么话，另一个孩子说：“你说得不对，不是这样的。”这表明孩子注意到了别人的观点，而不是只关注自己的想法。所以，经常让孩子和同伴一起玩、在游戏中沟通，即使有打闹的情况出现，玩耍、沟通的过程对他们的大脑也是一种很强的刺激，会促使他们的思维水平在相互碰撞中进步。

每个孩子都有一个语言去自我中心的过程。慢慢地，孩子的自我中心语就会被社会性言语所代替，这时他们会根据沟通的对象调整自己的语言。语言去自我中心的过程就是孩子认知、情绪、行为等去自我中心的过程，也是孩子社会认知提高的过程。当孩子的社会认知达到一定水平后，他们才会形成观点采择能力。

儿童不断地脱离自我中心，向自我评价与他人评价相协调的方向发展，当他们拥有了观点采择能力，对现实的认识和评价会变得更加客观。

孩子思维大发展：支持孩子的思维符号化

妈妈带岩岩去小区里遛弯儿。刚出楼门，岩岩就走到停车场，指着车牌上的标识依次认着“大众、铃木、奔驰、本田、比亚迪……”。走一路，他指着说了一路。有时候，他还会把车牌上的内容都念完。这是岩岩2岁前后经常做的事。

后来岩岩喜欢上了贴贴画，买各种车的贴画，然后贴在衣服上、书上、玩具上。此时，岩岩3岁了，对贴画几乎有一种痴迷般的喜欢，见到就想买，宁可不买别的东西，也要买贴画。妈妈想不明白，这种小小的贴画有什么魔力，这么吸引他。

直到有一天，妈妈带岩岩出去玩，在路上遇到一辆工程车，妈妈说：“看，大铲车。”岩岩立马说：“不对，这是挖掘机。你没看到前面有个可以伸缩的长臂吗？”妈妈惊呆了：“你怎么知道的？”岩岩说：“小贴画上有啊。”

现在，岩岩4岁了，他似乎已经不那么喜欢贴画了，至于车标、车牌号，更无法吸引他的注意力。不过，有一天他突然对爸爸说：“爸爸，我们这儿出租车的车牌号都是以‘京B’开头的。”爸爸说:“对。”妈妈惊讶地张大了嘴巴，这一点自己都不知道，孩子竟然发现了。

走在外边，遇到公司名称、广告牌、医院名称、饭店名称等，岩岩都会大声地念出来。如果遇到不认识的字，就会问随行的大人，一次两次后，他就记住了。

4岁前后，岩岩开始喜欢描图、画画。每天让妈妈给他画画，画车、画树、画花、画动物。但他自己不画，只是要大人画，画完了视如珍宝，睡觉的时候也要将画放在枕边。如果有哪一张找不到了，岩岩会哇哇大哭，一副丢了稀世珍宝心疼不已的样子，过后还会让大人重新画一张。如果能找到，岩岩就欣喜若狂。

在经历一段要求别人画的时段后，岩岩开始自己画了。

有一天晚上，岩岩想看动画片。妈妈担心他看完动画片会过于兴奋，不易入睡，第二天起床难，所以没有答应。岩岩生气了，把自己关在房间里。一会儿，他扔出一张画。妈妈看到，画上有一个大人、一个小孩，小孩的心碎了，要离家出走，去山洞里住。妈妈看了，既好气又好笑，这孩子竟然会用图画来表达心声了。

从以上岩岩的经历可以看出，孩子对符号的理解和应用也是一个不断变化和不断提升的过程。从最初的发生兴趣去认识，到最后的深度了解并动手表达，孩子的认知兴趣会不断发展与转移。

孩子2岁左右开始对符号产生极大的兴趣，按照皮亚杰的认知发展阶段理论，这个时候他们开始进入前运算思维阶段。在这个阶段，儿童的思维表现出符号性的特点，他们会通过表象、言语以及其他的符号来表征内心世界和外在世界。

孩子学习用符号来表征外界事物也是一个不断进步的过程。起初，他们较多地用个人表征来描述事物。比如，孩子可能会用一盆水当作一片海，用一块小木块当成小船，当小木块在水面漂浮，他们就觉得是小船在大海上航行。他们用手拿着小船在水面上下起伏表明海面风浪很大。孩子抱着玩偶说话：“别哭了，我一会儿就回来，你在家里等着。”其实，他们是把自己当成大人，把玩偶当成了自己。

三四岁的孩子会较多地应用这种象征的方法来思考、表达。这种具有浓重个人色彩的表征方式与这个阶段孩子的思维水平有关，他们头脑中拥有了较多能够进行思维的表象，但是符号却不多。为了适应这种形式，孩子会有一段时间使用个人表征来思维、表达。这样的心理表征方式在向符号表征形式过渡的过程，也是孩子脱离思维的自我中心化的过程。

妈妈在与孩子沟通的过程中，既要理解孩子语言中的象征性符号，也要为他们学习符号表征提供充分的语言环境。

有人说，那些唠叨妈妈会培养出具有较强语言表达能力的孩子。这是因为儿童在语言学习过程中有个快速映射现象，意思是儿童在谈话中听到某个词语一两次后，就知道其大概的意思。妈妈如果多唠叨几遍，孩子就会彻底明白了、记住了、会用了。

妈妈支持孩子的符号化发展，不仅表现在说上，还包括画或写。当孩子喜欢笔，要大人买，或者拿着大人的笔到处乱画的时候，妈妈可以顺应孩子的兴趣，教教他怎么正确用笔，画一幅小画或者模仿着写数字与字母。

关注孩子的认知发展：进入前运算思维阶段

在孩子成长的过程中，智力的发展是妈妈特别关注的内容，没有哪个妈妈不希望自己的孩子更聪明、更机灵。智商高的人在认知活动中占优势已经成了一种共识，他们的学习能力更强。相反，如果哪个孩子在某一阶段或者某一方面发展缓慢或停滞不前，就会形成学习障碍。

关于学习障碍，可能出现在当下，也可能出现在将来，具体表现在听、想、说、读、写、拼音或数学计算方面的能力不足，或上课不能专心听讲、写字不成行、算数记不住、理解不了老师讲的内容等外化的行为。妈妈最怕的事情就是孩子在学习阶段出现学习障碍，那样的话，家里一定不是母慈子孝，很可能就是鸡飞狗跳了。

在 3—6 岁这个阶段，妈妈怎么做才能促进孩子的认知发展呢？

1. 促进孩子符号思维的发展

3 岁以后，妈妈会发现，孩子的想法越来越多，话里不再只有眼前的东西，还有以往所见、所听、所闻。夏天的时候他们会想吃冬季才有的草莓，冬天的时候他们会想到某次旅行时吃过的冰激凌。

在心理学家皮亚杰的认知发展阶段理论中，幼儿已经进入前运算阶段。

2 岁以前，幼儿处于感知运动阶段。感知运动阶段的孩子以外化的行为为主要表征形式，他们的思维活动需要与客体建立感知上的联系。他们只有动作，不能对事物形成内在的心理表征。2 岁以后，随着孩子对空间、因果关系、认同、分类以及数量等概念的理解，儿童的符号思维有了较大的进步。按照皮亚杰的理论，这里的符号思维包括象征性符号和字符。此时，他们较少依靠行动来思维。虽然符号思维已经萌芽，但是思维过程必须依赖实物的形象来支撑。

比如，妈妈每次出门前都会关灯。如果有一天妈妈带孩子出门前忘记关灯，孩子会说："妈妈，还没关灯呢。"如果在以前，他们只能指着灯喊妈妈，虽然意思也是关灯，却不一定能够表达出来。

在这个阶段，我们会频繁听到孩子说一些很特别的话。比如，他们将笤帚叫"马"，将海豚叫"豚豚"，将树叶叫"宝叉子"，拿着一根木棍叫"手枪"等。这些象征性符号属于个人符号表征，而字符属于通用符号表征。这是孩子表达能力的进步——进步到了个人的符号表征阶段。随着孩子不断长大，他们使用个人符号的次数越来越少，转而使用通用符号表征。所以，3—6 岁孩子的行为较 3 岁前的孩子会有很大的区别。

举个例子：晚饭时间到了，妈妈让孩子去喊爸爸过来吃饭，如果四五岁的孩子不会说"爸爸，吃饭了"，而是直接去拉爸爸的手，妈妈就该考虑孩子的思维水平有没有随着年龄的增长而进步。

再举个例子：全家一起出去玩，妈妈在后面磨蹭，如果孩子不会说“妈妈，快点”，而是对妈妈招手、跺脚，甚至大喊大叫，那么这个孩子的思维水平也可能存在落后的情况。

对孩子思维水平最直观的判断，就是看他的语言表达能力。语言表达能力不强的孩子，妈妈可以多跟他沟通、互相讲故事、一起读绘本，以促进孩子的语言进步，以及符号表征能力的提升。

2. 帮助孩子建立准确的因果关系

认知是人类个体内在心理活动的产物。人们不能直接看到主体内在的认知过程，但是可以通过观察、分析主体认知活动的外在行为，推断在其大脑内部进行的认知活动本身。

幼儿的逻辑思维已经萌芽，这可以通过语言来判断。听听他们说什么：“妈妈，下雨的时候为什么要打雷啊？”“妈妈，你洗衣服的时候为什么戴手套呢？”他们还会说：“妈妈，我今天打针没哭，勇敢吗？”这些话语表明3—6岁的幼儿在有了一定的因果关系的体验后，渴望了解更多的因果关系，因为他们明白了凡事都有原因。

如果孩子曾经被馒头烫过嘴，当他再次看到馒头冒着热气或者摸着很烫，他会告诉父母“烫”。当馒头凉了，父母给他吃，他就会吃了。很显然，这个年龄段的儿童理解了因果关系。

不过，妈妈还要明白一点，就是幼儿的推理带有一定的主观性。比如，孩子淘气，把钥匙塞进了沙发靠背的缝隙里，妈妈很生气地告诉他，不可以这么做。这时，妈妈接了一个电话，听到一个不好的消息，妈妈因此情绪很不好，默默地哭泣。看到妈妈哭泣，孩子过来安慰说：“妈妈，我错了，我以后不玩钥匙了。”因为孩子认为是自己把钥匙塞进沙发靠背的缝隙才导致妈妈哭泣。孩子的推理带有一定的主观性。随着孩子思维水平的发展，这样的主观性会逐步被客观的思维所取代。皮亚杰认为，处于前运算思维阶段的儿童是通过转换来进行推理的，他们会把时间上比较接近的两件事联系起来，不管它们是否存在逻辑上的因果关系。

遇到这种情况，妈妈最好跟孩子解释：“妈妈哭是因为听到了一个不好的消息而伤心，不是因为你把钥匙塞进了沙发靠背的缝隙里。但是，你要明白，钥匙不能放到缝隙里，那样的话爸爸妈妈找不到钥匙，就不能开门和锁门了。”

关注孩子的最近发展区，当好孩子的“脚手架”

当孩子玩耍或者学习的时候，妈妈是否觉得自己该做点什么呢?

最近发展区和脚手架是社会文化理论的代表人物维果斯基提出的。与皮亚杰的认知发展理论不同，维果斯基理论提供了一个新的研究和认知孩子的角度。维果斯基认为，认知历程的发展与本源应置于人类文化历史架构中，他强调社会与儿童心理世界的重要联系。

最近发展区是维果斯基学说的中心，是指儿童能够独立完成的任务和在与成人或是更优秀的同龄人交互作用中完成的任务之间的差距。孩子的新能力，最先是通过与成人及其他有能力的同伴合作来发展的，再内化为孩子心理世界的一部分。

对儿童来讲，最近发展区是非常敏感的动力地区，在其中产生了学习与认知发展。当孩子无法独立完成手边的任务时，可以通过与他人合作的方式来完成，这样可以唤起儿童正在发展的心智功能。在家里，父母就是孩子最方便的合作者，父母与孩子多进行交互活动，有助于促进孩子的认知发展。

当成人与儿童交流互动时，成人常常将他们的交互行为有意地导向培养儿童学习的方向。成人这种交互活动中的角色常常被比喻为脚手架。

在生活中，脚手架并不少见，任何一个工地都离不开脚手架，如果没有脚手架，任何一座高楼都无法竣工。脚手架虽然是一个临时结构，但是在建筑过程中必不可少。心理学家林菲尔德指出，脚手架能够对建筑工人的工作给予支持，拓展他们的活动范围，帮助他们完成那些靠自己的力量可能完成不了的任务，如高空作业、移动作业等。

如果用一个词语来表达父母在孩子社会化发展过程中所处的位置、所起的作用，“脚手架”这个词很贴切。因为在孩子的活动中，父母确实帮助孩子扩大了活动范围，完成了他们凭借自己的力量不能完成的任务，促进了孩子的心智发展。

举个例子：周末，下雨了，冰冰就待在家里玩。冰冰拿着鼓槌敲鼓，不知怎的，竟然把家里的几个空奶粉罐搬进了客厅，并摆成了一个三脚架的形状，“啪、啪、啪，啪，当”，玩得非常起劲儿。妈妈看到了，说：“你可以试着再把你的鼓放进来一块儿敲。”可是，把鼓放哪里呢？冰冰搬来板凳，可是太占地方了，影响敲打动作。妈妈告诉她：“你可以把鼓放在你的小梯子上，这样不占地方。”冰冰点点头。顺着这个思路，她还把以前留存的漂亮的玻璃瓶子摆在了小梯子上，然后开始演奏。虽然下雨了，不能出去玩，但有了这个创意的玩法，冰冰一下午都没觉得无聊，反而兴趣盎然。

在上面的例子中，孩子在妈妈的提示下，不断给自己的敲鼓表演加入新鲜元素，使得玩法更新颖，获得的感知觉刺激更丰富，玩得也更起劲儿。

心理学家伍德和米德尔顿让一位母亲分别帮助 3 岁和 4 岁的儿童拼搭

一个复杂的积木金字塔，假如母亲的早期指导能考虑到儿童的技能水平，儿童独立后测量到的心理发展水平就非常好。这样的结果为人们提供了一个预判，对一些儿童来说，明确的、高指导性的支持可能最有效果，比如，直接指导和引导性问题。

什么是直接引导呢？举个例子：孩子搭积木的时候，想把一块积木搭在两块积木上面，也就是架起来，形成一座桥，可是，孩子放了好几次桥都倒了。妈妈发现做架子的两块积木力量不够，于是分别放上了一块加固，孩子再放横着的积木的时候，桥就没有倒。这就是直接引导。

什么是引导性问题呢？当积木倒了，妈妈问孩子："你看看，这两块支撑的积木是不是力量不够，桥一下子就被压垮了？你想想，怎么加固一下？"于是，孩子就在两边又分别放了一块积木，再放横着的积木时就没有倒。

日常生活中，妈妈多关注孩子的最近发展区，做好他们活动中的"脚手架"，使得他们的活动在合理挑战的程度内，这么做不但能支持他们当下的活动，还能促使他们深入思考。

孩子语言学习的黄金期

在幼儿园里，往往让老师头疼的事情就是孩子不开“金口”，无论老师跟他交流什么内容，都难以得到及时的回应。老师问：“宝贝，吃饱了吗？”孩子不说话。老师接着问：“要不要再加一个包子？”孩子还是不说话。玩耍的时候也常常是一个人。

有的孩子就是这样，不说、不笑、不打、不闹、不抢、不要。对大人来讲，这样的孩子很省心，但如果一直说话很少，可能会影响语言表达能力的发展。

四五岁是儿童口语发展的黄金期，孩子喋喋不休地说是最正常的表现。在家里，玩玩具的时候他们一边玩一边说；爸爸妈妈聊天他也会参与进来；在幼儿园里，会围着老师说个不停，而且能够自己制造话题。

如果妈妈经常给孩子看英语动画片，那么，孩子在说话的过程中，还会不断地冒出一些英语词汇，那些父母当年花了大力气才学会的单词，不经意间就从孩子嘴里说了出来，父母听了也会无比地开心。

如果妈妈无意中说出了一个新鲜词，被孩子听到后，他会非常有兴趣地哈哈大笑，还会不断地重复，说一次，笑一次。

可以看出，四五岁的孩子对语言非常敏感，在语言学习上也是热情高涨、能力很强。妈妈要为孩子创造更多的语言学习机会，使得他们的词汇更丰富、语言理解能力更强。这样，当他们进入幼儿园大班以后，才能“听得懂、听得清”“想说、敢说、会说、能说”，为进入小学打下良好的基础。

那么，在四五岁的时候，如何促进孩子的语言学习呢？

1. 唤醒孩子的耳朵，提升孩子的倾听能力

有些孩子到了三四岁还不能与他人进行流利地沟通，妈妈为了验证孩子的智商，会密切观察他们的理解能力。当发现孩子能听懂大人说的话就放心了，认为孩子没毛病就行，迟早都会说话的。妈妈持有这样的态度，可能会拖累孩子的语言发展。人与人的沟通能力是有差异的，这种差异当然与遗传有关，也与孩子后天的努力有关，更与孩子早期的语言开发有关。

孩子的语言开发最基本的方式是听，往孩子的大脑里输送“表达素材”。如果孩子不能顺利地讲完一个故事或者学讲一段话，或者说话的时候语词单一、语意表达不清楚，那么，很可能是因为孩子的耳朵没有被唤醒，听得少，掌握得就少，没有素材，就不知道说什么。所以，妈妈还是要多让孩子的耳朵接受声音的刺激，听歌、听故事、听评书都很好。

2. 多和孩子聊天

如果你的孩子在很专注地玩玩具的时候，听到爸爸妈妈聊天说到自己

时会插话，说明孩子的倾听能力很强。如果你跟孩子说了什么，跟没说一样，即使当时他专心听了，也表达不出来，说明孩子的倾听能力发展得不好。

有的妈妈说，我也想和孩子聊天，可是不知道聊什么。其实，可聊的内容太多了。比如，聊聊动画片里的角色、聊聊幼儿园发生的事情、聊聊孩子正在玩的玩具、聊聊旅游过的城市、聊聊孩子喜欢什么样的玩具、聊聊妈妈的工作、聊聊孩子小时候的事情……而且，对孩子来讲，只要是和妈妈在一起，聊什么他们都喜欢。

可以说，一个不和孩子聊天的妈妈一定不是一个好妈妈。为什么这么说呢？先不提聊天对孩子语言发展的促进作用，如果妈妈不和孩子聊天，孩子就失去了一个倾吐心声、表达愿望、放松身心的好时机，这样的孩子可能会出现心理问题。同时，妈妈也失去了了解孩子成长状态、发展情况的机会，不了解孩子还怎么引导孩子呢？

当孩子向妈妈提问的时候，妈妈一定要回答。这个年龄段的孩子问题比较多，既然孩子提出来了，就说明这个问题他已经思考过了。妈妈认真而郑重地跟孩子谈一谈，不但满足了孩子的知识需要，也让他学会了跟人沟通时恰当的表达方式。

3. 给孩子创造“讲”的机会

孩子喜欢沟通，当他说话的时候，妈妈就饶有兴致地倾听。妈妈感兴趣的样子是让孩子说下去的最好鼓励。不要在意孩子所表达的内容是否啰唆、逻辑是否严谨、观点是否正确，只要孩子说，妈妈听着就好。孩子说错了的时候，妈妈可以纠正一下，让孩子正确地表达出来。不要批评，也不要指责，只是静静地说出正确的说法，孩子就会受益。

幼儿园时期，很多孩子已经看了好多绘本，听了好多故事，让孩子把读过或者听过的故事讲出来，这个复述的过程能很好地锻炼孩子的表达能力。其间，孩子可能会自己组织语言，也可能会照搬书上的语言，不管他怎么说，妈妈听着就可以了。

在孩子讲述的过程中，如果遇到哪个字或者词读错了，等孩子讲完以后，妈妈要细心指出来。让孩子了解这个字的正确读法，他读错的那个字的样子，这么做有利于孩子区别形近字。

阅读很益智，如何做得更好

这几天，巧巧都在听白雪公主的故事，妈妈读，巧巧听。当白雪公主摔倒在雪地里的时候，巧巧问妈妈：“她的膝盖摔流血了吗？”然后就去拿自己的百宝箱，找到创可贴，要给白雪公主贴在受伤的地方。

巧巧找出自己的白纱裙，穿上后不停地在房间里转圈圈，她对妈妈说：“我要当白雪公主。”妈妈问：“为什么啊？”巧巧说：“因为她漂亮啊！”

这样的女儿，妈妈很喜欢，妈妈觉得阅读丰富了女儿的生活。

伦敦大学学院的劳伦斯·图尔特教授曾经分别对成人学习阅读音符前后的大脑进行脑成像研究，发现大脑在训练前和训练后的顶叶皮质区内的相同区域存在差异。这说明，阅读能够改变大脑。

孩子喜欢听故事，故事世界异彩纷呈，有王子、公主的故事，有大森林的动物童话，有妙趣横生的寓言故事，有轻松欢快的环球旅行故事，有诙谐幽默的寓言等，主题立意非常契合孩子的成长需要。孩子听了故事后，会根据故事里人物的行为与自己的行为对照。反观自我行为的过程，有利于孩子通过自省认识不足、改正错误。

就孩子的成长来说，阅读是一件大事情。有人说，一个爱阅读的孩子，他的未来不会差。这体现了书籍的教化作用。

对于 3—6 岁的孩子来讲，阅读的好处除了获取知识，更多的在于因为阅读而爱上阅读。孩子喜欢故事，常常会被故事吸引而遐想连篇，遇到悲惨的内容还会低声抽泣。为了了解故事内容，把故事听得更清楚，孩子会放下手里的玩具，专心地听。在这个过程中，自然而然地提升了孩子的专注力，稳定了情绪。

绘本故事的语言表达一般都很契合孩子的理解水平，精准而生动。孩子听懂了，自然也就学会一些语言和表达模式，吸收内化后，与人沟通的时候就有话可讲。在故事的世界里，孩子的视野得到了拓展，想象力获得了激发。总之，故事让他们的生活变得更丰富多彩。所以，培养孩子爱上阅读，是一件越早进行越有利于孩子成长的事。

1. 妈妈读，孩子听

如果一个孩子很小就与妈妈一起阅读绘本，妈妈读，他坐在妈妈身边看着，那么，他在两三岁的时候就能够复述绘本。随着年龄的增长，复述能力更强。到了四五岁，他就能够认识好多字了。

研究显示，从幼儿园时期儿童学习文字的能力，可以预测他们以后的阅读成绩。但是，并不是说多教孩子一些字就能提高他的阅读能力。孩子的阅读能力与孩子对文字是否有兴趣、对书籍是否有兴趣、父母对阅读是否关注等因素有关。

语音意识是指识别构成单词的发音，指的是口语的发音或者语音结构，与单词的含义无关。孩子的语音意识能够提高孩子的阅读能力。父母大声朗读或者孩子跟读出来后，孩子能够意识到不同的字有不同的读音，这样的语音识别有利于孩子识别、拼写和阅读理解。

有研究显示，刚刚达到入学年龄的儿童在一年级末的时候，相较恰巧没有达到入学年龄又不得不在幼儿园再待一年的差不多年龄的儿童，表现出更好的语音意识。

还有研究显示，从 3 岁儿童对童谣的掌握程度上，可以预见他们将来的语音意识和阅读准备能力。所以，多给孩子读童谣、儿歌、童话、顺口溜、诗歌等，都可以提高儿童的语音意识。

2. 用故事里的真善美吸引孩子

当孩子听完《小红帽》的故事后，他会喜欢上可爱善良的小红帽和勇敢的猎人，讨厌凶恶狡猾的大灰狼。小红帽的外婆被大灰狼吃掉的那一刻，他会非常伤心；当听到猎人杀死了大灰狼，救活了外婆和小红帽以后，孩子立马松了一口气，变得开心起来。

孩子通过故事中人物的行为来认识善恶、区分善恶，从而学习做一个善良的人。3—6 岁的孩子，正处于道德萌芽阶段，开始对行为做出价值判断，从而进一步建立自己的价值体系。故事以及故事中的人物就是孩子评判的素材，妈妈再给以适当地点拨，孩子会理解得更透彻。

妈妈和孩子一起读《我是霸王龙》，孩子问："妈妈，小翼龙为什么要帮助霸王龙啊？它帮的可是霸道、凶恶的恐龙啊。"妈妈说："因为霸王龙受伤了，小翼龙要帮助需要帮助的人。"孩子懂得了要帮助处于危难中的人。

3. 坚持阅读效果好

有一件事情值得妈妈们注意。对于3岁前的孩子来讲，平日里，妈妈对孩子说一句："来，妈妈给你讲故事。"他会特别开心地凑过来，坐在妈妈腿上，听妈妈讲故事。但是，3岁以后，孩子变了，妈妈再这么说，他可能会反驳："你看，我正忙着呢，等会儿吧。"不管他是在跟小恐龙做游戏，还是在搭积木，在孩子游戏的时候打扰孩子，不但难以把孩子从游戏中带出，还可能让孩子对阅读产生抵触情绪。

如果妈妈选择在固定的时间陪孩子阅读，到时间了，对孩子说一声："读书时间到了。"那么，孩子就明白这是读书的专属时间，就该过来读书，其他事情自然会被暂时搁置。妈妈陪伴孩子坚持阅读，总有一天，孩子会在不需要父母陪伴阅读的情况下，自己拿起书来读。

数学启蒙不能只想着数数

睡前，平平问妈妈："妈妈，苹果是水果，西红柿也是水果吗？"妈妈以为他睡着了，被这么一问，吓了一跳，说："西红柿是蔬菜。不过，现在人们为了补充维生素，都拿西红柿当水果吃了。平平，给妈妈数个数吧。"平平说："我不想数。"妈妈说："你在幼儿园小班的时候可喜欢数数了，现在怎么不数了呢？"平平说："我困了。"

三四岁的时候，平平能从1数到10。后来，妈妈又教他算术，平平不喜欢算术，也不喜欢数数了。妈妈有点担心，担心平平以后会不擅长数学学习，而数学是一切科学的基础，学不好数学，其他科目的发展也会受限。

妈妈想给孩子进行数学启蒙的想法很好，但是如何启蒙才能让孩子愿意跟着妈妈一起学，而且学得进去、达到启蒙的效果呢？让孩子真正对数学产生感觉，需要讲究一定的方法。

1. 唤起孩子对数学知识的兴趣

幼儿阶段，对孩子进行的数学教育是非常纯粹的启蒙教育。启蒙过程中，有一个非常重要的原则要把握好，就是快乐。

网络上时不时会看到大人恶搞幼儿数数或背诵乘法口诀的视频，孩子稚嫩的小脸上挂满了眼泪，抽抽搭搭地完成大人教的背诵内容，无论背诵的是口诀还是定律，传达的都是大人的残忍和孩子的无奈、无辜。如果不是恶搞，而真的是让孩子这么学，那么，孩子以后真正开始学习数学时，心里可能会有阴影，因为他们对数学产生的最初感觉是可怕。

什么会让孩子快乐呢？当然是和大人一起玩游戏、参与到大人做的事情中去、和大人一起吃吃喝喝、和大人一起旅行、和大人一起逛商场等，这些事情在孩子眼里都是快乐的。当数学的启蒙嵌入到这些快乐的事情中，孩子学起来就会很快乐。

举个例子：奇奇和妈妈一起去超市买洗衣液，到了洗涤用品区，妈妈开始比较，奇奇跑来跑去也跟着选择。妈妈问："奇奇，你帮妈妈找找，这里有几种品牌的洗衣液？"奇奇非常开心地答应了，他围着货架数了一遍后，告诉妈妈："有立白、碧浪、奥妙、雕牌、超能。"妈妈说："你帮妈妈看看哪种有特价，我们就买哪种。"然后，妈妈教儿子学看特价的价签。儿子学会后，挨个儿看，看过一遍后，告诉妈妈："雕牌有特价呢。"妈妈说："那就买雕牌吧。"

生活中有很多与数学有关的知识，妈妈主动寻找，才能抓住孩子数学启蒙的机会，拉近孩子与数学的距离，引导孩子爱上数学。

2. 启蒙内容随着年龄的发展而发展

即使在3—6岁这个年龄段，孩子对数学的感知仍然处于启蒙阶段，但随着年龄的增长，孩子的认识水平也在不断提升，启蒙活动必须能够挑战孩子的能力。这就需要妈妈把握好孩子的最近发展区，在这个非常敏感的动力区做足功课，才能更好地促进孩子的认知。

举个例子：三四岁的孩子已经会数数了，有的孩子数得较多，有的孩子数得较少。当妈妈洗苹果的时候，让孩子数一数有几个苹果，他会用手指点着数。不过，这样也还可能数错。如果妈妈问他哪个苹果最大，他可能得扒拉着看一小会儿才能说出来。如果妈妈问苹果是什么形状的，他可能不知道，那么，接下来一段时间，妈妈就可以跟孩子玩“形状游戏”。当然，玩时要利用生活中的素材，熟悉的东西更利于孩子去感知、去体验。

如果妈妈是和四五岁的孩子一起洗苹果，孩子数苹果的速度会快一些，而且出错率很低，问他哪个大，他一眼就能看出来，回答得也特别干脆。如果问他是什么形状的，他能回答出是圆形，有的小朋友还可能会说是椭圆形。这个时候，妈妈可以问问孩子：“妈妈洗了这么多苹果，要放到哪个盘子里呢？”孩子还会指出恰当的盘子。

如果妈妈和五六岁的孩子一起洗苹果，妈妈几乎不会问他有几个苹果了，因为他一看就能说出来。妈妈可以问他：“妈妈洗了8个苹果，如果吃掉5个，还剩下几个？”有的妈妈甚至还提高难度：“妈妈洗了8个苹果，再洗几个，才能一共有11个？”孩子也会主动问妈妈：“苹果为什么有红的、有绿的、有黄的呢？”“妈妈，我昨天8点钟吃的苹果，现在几点了？”

孩子提的问题反映了他的思维水平，妈妈除了引导孩子回答他所提出的问题外，还要以此为线索，构架出更高层级的问题，和孩子一起学习、谈论。有一个原则一定要把握好，这个年龄段的孩子是以具体的形象思维为主，对数学的学习离不开对实物的操作和感知。

才艺学习要看孩子是否喜欢

不少妈妈非常期待自己的孩子有一个擅长的领域，为此，她们在孩子很小的时候就领着孩子走上了挖掘与发展才艺的路子。

静静5岁半，上幼儿园中班，个子在同龄孩子中算中等，但是上的才艺班可不少，包括武术、绘画、奥尔夫、舞蹈、尤克里里，一共五个。妈妈说："静静喜欢上就上了，看起来上着也不费劲。如果有哪一项她不喜欢要放弃，我也没有意见。"妈妈的目标只是在于发展孩子的兴趣爱好。只有在学习的过程中，才能发现孩子的特长。以后，孩子还会有自己的兴趣爱好，现在学的这些，她不喜欢的或者不擅长的，就毫无遗憾地放弃了，留下一两样热爱的、擅长的坚持学习和发展。

当下很多兴趣特长班在培养理念上已经改变了以往的教会什么、看到什么成果、拿到什么证书等功利性的目标，而是在于让孩子在才艺学习的过程中，接受各种知识的刺激，尤其是艺术方面，比如音乐、舞蹈、绘画、戏剧等，在学习过程中发展孩子的感知觉，让孩子学会利用艺术的形式来表达自己，发掘孩子的潜能，促进他们身、心、智全面发展。

幼儿阶段处于各项能力发展的关键期，这是一个发现特长、培养特长的比较好的时期。只要家庭条件允许，孩子愿意学，那么，家长应给孩子创造机会，让他去学。无论培养哪方面特长，都能促进孩子的大脑发育，对智力发展、身心健康等都有好处。所以，妈妈们大可不必担心孩子因为上了某个兴趣特长班而耽误了成长。但是，如果操作不当也会带来很多坏处，最为常见的是由于所学内容太难或者家长要求太高，而导致孩子对学习有抵触情绪。一旦疏导不当，给孩子留下心理阴影，则会妨碍孩子以后的学习和生活。

3—6 岁这个年龄段，若想培养孩子某方面特产，父母该怎么做呢？

1. 快乐地学习

不管学什么，音乐也好，美术也罢，前提是让孩子快乐地学。不管是选择才艺，还是确定学或者不学，妈妈都要考虑孩子的意见。如果孩子觉得学这些是负担，内心有畏难情绪，那么，就要搞清楚孩子的不开心来自哪里。

如果孩子真的不喜欢学、学不进去，那就先放放。当然，若是中途放弃，不如在开始学习前就考察孩子的兴趣、特点，征求孩子的意见。只有符合孩子天性的才艺，学起来才不会有压力，学习效率才高。

如果孩子的不开心来自环境，那么，妈妈可以陪孩子一起学。陪学了一段时间后，孩子熟悉了，也有了学会后的成就感，愿意学了，妈妈就可以放松一些了。

2. 不要急着要结果

不管哪项才艺，只要孩子学了，就会有收获。幼儿期孩子的感知觉通道非常灵敏，此时，给予幼儿足够多的信息刺激，就会促进他们感知能力的发展。即使有的项目孩子后来不喜欢了、放弃了，学的过程也受益了。而孩子具备天赋的那一项，也已经打下了基础，当孩子到某个年龄段的时候，这种优势就会凸显出来。所以，学才艺不是急着要结果的事情，即使暂时看不到成绩，孩子自身也受益了。

孩子学了什么乐器或者舞蹈，妈妈着急检验学习效果，就要拉孩子出来练一练。让孩子吹支曲子，或者跳一段，孩子拒绝，妈妈就不高兴。

妈妈要明白，孩子无论学什么，从学习到掌握到表现出来需要一个过程。在这个过程中，除了理解、记住所学知识，还要不断复习，不断地纠错改正，才能特别熟练地展示出来。这个过程中有的孩子会快点，有的孩子会慢点，妈妈急于让孩子展现有可能会降低孩子的自信心。

第 3 章

让心飞扬：如何促进情绪、情感的积极发展

在养育孩子的过程中，如果妈妈忽视孩子的情绪，可能会导致孩子情绪、情感发育不良。3—6 岁，儿童的情绪逐渐趋于稳定，开始带有人格化倾向，这是一个了解和引导孩子人格发展和情绪发展的好时机。妈妈抓住这个时机，引导孩子了解并认识情绪、学会情绪表达，既能帮助孩子提高情绪管理的能力，又能促进孩子的人格发展。

“不、不、不，我就不”：3 岁叛逆期

三四岁的孩子会表现出很强的独立意愿。他们不再是以往那个父母说什么就是什么的乖宝贝，变得任性、不讲理，想怎么样就怎么样，谁阻挠他就跟谁对着干。

妈妈带孩子出去玩，孩子渴了，妈妈给他喝水，孩子说：“不想喝水，想吃冰棍。”妈妈说：“这么冷的天，不能吃冰棍，会生病的。”孩子说：“我就是想吃冰棍嘛，我就要吃冰棍。”妈妈不给他买，孩子站在那里大哭大叫。

还有一次，妈妈带孩子去买衣服，孩子看上一件带有卡通图案的 T 恤，说：“妈妈，买这件吧。”妈妈觉得这件衣服的颜色不鲜艳，就说：“咱们再看看别的吧。”孩子不依，坚持说：“我就喜欢这件，我不喜欢别的，就买这件吧。”于是，妈妈就买了那件。妈妈纳闷：“他怎么就有主意了呢？还非得听他的！”

3 岁的孩子拥有了较强的自我意识，自己与他人的边界感很强，他们

渴望表达一个独立的自己，让别人认识到自己不再是那个处处依赖父母的“附属品”，而是拥有了很多能力的“小大人”。长大的感觉使得他们不断地表达自己的心声、能力，当大人不理解他们的独立愿望，还事无巨细处处为孩子作主的时候，孩子不但不领情，还开始反抗。最典型的行为表现是：“我就这样。”很多父母不知道怎么办，听孩子的吧，他的决定不够理性，有时甚至很荒谬，必须制止；不听吧，孩子闹，又担心影响孩子自我意识的发展。真是不知道怎么办才好啊！

很多孩子从2岁开始，会出现很强的情绪波动，人们称之为“叛逆期”。4岁以后情绪变得比较平缓，三四岁是情绪较强烈的时候。这是成长的一个特殊阶段，与孩子自我意识的发展有关。如何帮助孩子顺利度过这个阶段，是每位妈妈都该思考的教育内容。面对自我意识快速发展的幼儿，父母做到充分地尊重孩子，满足孩子的心理需求，孩子就不至于出现情绪上的巨大波动。

1.尊重孩子的意愿

妈妈和君君出去遛弯儿，临近中午了，为了避免被太阳晒，就选择走道路两边有高大树木的小路。虽然路坑坑洼洼不好走，君君却很兴奋，一边走一边摘野花、用脚踢石子，感觉像是在探险，很刺激。君君一路走一路玩，到了终点，要往回走，妈妈想走另一条更加宽敞的大路，因为到了该回家做饭的时间，大路走起来更顺畅，可君君说什么也不愿意。妈妈看拗不过君君，只好原路返回。

路上，君君举着手臂当方向盘，扮演汽车开过泥泞路段的样子，“呜呜”，一会儿，又假装汽车陷在泥泞里了，君君使劲儿加油门，开出来后如释重负。一会儿，君君又让妈妈拉着他衣服的后襟处，扮演小火车，还假装摔倒。看着儿子哈哈大笑的样子，妈妈觉得虽然回来的路有点绕远，但是满足了孩子的需要，孩子开心，也就值得了。

妈妈在养育孩子的过程中，遇到类似的情况，要尊重并满足孩子的需要。孩子做主的独立愿望获得了满足，没有被干扰，当他真的被拒绝的时候，内心的受挫感就不那么强烈。大人跟他讲道理，也能听得明白。因为他知道，能满足自己的，妈妈都会满足，不能满足的一定有原因。

2. 不要直接拒绝孩子

两三岁的孩子情绪上来，就如同一个炸药包，一碰就不可收拾。此时，妈妈再跟孩子讲为什么拒绝孩子的理由，是无效的。为什么这么说呢?

在人的大脑中，情绪由边缘系统负责，功能是感性与直觉；道理由额叶负责，功能是理性与思考。这两种功能是拮抗的，意思是，一个功能区域工作，另一个区域就会被抑制。所以，当孩子的负性情绪占主导地位时，讲道理没有用。

在没用的事情上，花费多大的精力都是徒劳的。当孩子愤怒的时候，妈妈跟孩子讲道理，不但无法改变他的情绪状态，还会激发他的反抗欲望，那么，就接纳孩子的负性情绪吧。

当妈妈试图去接纳的时候，反而就能理解孩子了。孩子还小，当需求得不到满足，就会失去理性，拿出惯用的哭的方式给大人施加压力。这个时候，抱起孩子，安抚孩子的情绪，顺着孩子建立起的新的兴趣来发展，等孩子的注意力转移后，再试着表达出妈妈拒绝的原因。

“哨兵站岗”游戏的启示

即使最喜欢哭的儿童，当他们玩游戏的时候，也会露出开心的笑容。当他们不开心的时候，如果妈妈陪他们一起玩游戏，他们就会忘了不开心，把注意力投入到游戏中。

有经验的妈妈都知道游戏具有安抚儿童情绪的作用。游戏为什么有安抚作用呢？因为儿童做游戏的时候，可以表达出自己的感受，排解负性情绪，使得心理恢复平静。游戏对情绪的安抚作用不仅体现在当时当刻，还表现在孩子在游戏过程中获得的自我控制能力的提升、对于规则的习得上。当一个孩子懂得了规则、拥有一定的自我控制力，他就不会动不动发脾气、不开心了，而是能够理性地面对现实。

苏联心理学家马努依联柯做过一个实验，被试是幼儿园的小朋友。一帮小朋友在一起玩，马努依联柯要求被试的孩子在空手的情况下保持哨兵持枪的姿势，结果四五岁的被试保持了 41 秒的时间，五六岁的被试保持了 2 分 55 秒的时间，这是实验的第一种情景。另一种情景是，小朋友们扮演糖果厂的工人包糖果，被试则是“哨兵”，站岗放哨。结果发现，四五岁的被试站立了4分19秒，五六岁的被试站立了9分15秒。

这说明游戏能够帮助孩子控制冲动，使得他们在活动过程中习得规则。为了帮助妈妈们获得更加深刻的认识，下面就详细解读一下。

1.游戏可以提升孩子的自制力

维果斯基指出，儿童的想象游戏包含非常有趣的自相矛盾现象。比如，儿童伸直胳膊扮演小飞机飞来飞去，在外人看起来，这是一个很自由的场景，孩子想跑到哪里就跑到哪里去。可是，对于孩子来讲，他不自由了，他的胳膊要张开、伸直，看到小蜻蜓也不能跑过去捉，累了也要坚持，而且跑的范围也是有限制的。可能很多妈妈都没有想到，就是在这样的跑跑跳跳中，孩子的自制力得到了锻炼。

当孩子有了一定的自制力后，面对暂时不能实现的愿望，他们就有了等待的能力，而不是急得大哭大喊。

现实生活中，如果孩子饿了，他会跟父母要吃的或者直接去冰箱里拿。父母为孩子考虑得很周到，会预测他饿的时间而提前准备好饭菜或者零食，总之，他能很快吃到。但是，在游戏中，孩子自己设计的情景，包括做饭、买菜、大家一起吃等，限于游戏规则，他不能很快吃到，要忍着。

游戏要求孩子的行为与他们平日的冲动行为相反，他们很清楚自己必须服从假装游戏或者娱乐情境的规则才能使游戏进行下去，才能享受到游戏的快乐。所以，他们必须放弃一时的想法或者冲动的行为。于是，在不断的坚持与放弃中，孩子的自我控制能力得到了锻炼。

2. 游戏让孩子习得了规则

幼儿必须在自己的实际生活中逐渐认识规则的意义，并学会遵守规则。遵守规则的前提是儿童懂得规则，然后按照规则来协调自己与他人的行动的关系，控制与调节好自己的欲望与外界环境间的关系。所以，孩子对规则的掌握是从实践中建立起来的，而不是父母说教出来的。对于3—6岁的儿童来讲，鉴于他们思维的直观行动性和具体形象性很契合游戏的性质，所以，游戏是帮孩子建立规则的最好载体。

现实生活中，如果孩子因为做错事或者妈妈想让孩子锻炼形体而让孩子站立5分钟，对孩子来讲是一件让他们感到非常痛苦的事情。但是，如果妈妈要孩子扮演警察，站立5分钟就能获得一枚勋章，那么，孩子会很高兴地坚持站立5分钟。这就是游戏的力量。在游戏中，孩子目前的欲望会臣服于假装游戏情境中的角色和规则。在这个过程中，幼儿能够了解“社会的模式形态与期望，并且努力表现出适合的行为”。

在游戏中放弃了即时的满足，可以说是达到了最高意志力的表现，逐渐地，孩子会拒绝所想要的东西以表示对规则的遵守。但在这里，服从规则和放弃行动中的即刻满足，正是达到最高快乐的方法。他们体验到了，也就愿意“服从”规则。在服从规则的过程中，儿童对规则有了更深刻的理解，规则也就被内化到个人的道德系统中了。儿童懂得了规则对人既是一种限制与约束，又是一种保障和维护，遵守规则也就成了自然而然的事情。

给孩子快乐的资本

周末，妈妈加班忙工作，晨晨自己玩玩具。玩了一会儿，晨晨觉得无聊，就过来找妈妈。妈妈无奈，就给他放动画片，看完一集动画片，妈妈给他一些水果，让他接着玩玩具或者看书。晨晨很伤感地说：“妈妈，我不开心。”

妈妈纳闷，有吃有喝有玩具，还可以看动画片、读书，怎么还不知足呢？现在的孩子要求太高了。

妈妈期待孩子快乐成长，形成乐观、开朗的性格。那么，如何让孩子获得快乐呢？买很多的玩具和零食？孩子想怎么样就怎么样？当然不是。虽然孩子当时可能因为欲望的满足而快乐了，但是这份快乐并不持久，而且不能衍生更多的快乐。

那么，妈妈怎么做，才能让孩子拥有更多的快乐呢？什么才是孩子的快乐之源呢？

1. 健康的生活和行为习惯

快乐的笑容是最有效的社会刺激，是人际关系的纽带，更是形成良好亲子关系的载体。家有小孩，他们快乐的表情还能给家长带来很多快乐。

孩子的快乐能够让父母心情愉悦，更有信心寻求好的养育方法。妈妈贴心、周到、科学的养育方式增强了孩子的安全感，使得他们更加依赖、喜欢妈妈，更愿意对妈妈露出笑脸。

3—6 岁，是孩子良好生活和行为习惯养成的关键期。孩子在这个阶段养成的生活和行为习惯是她一生行为和习惯的基石。若孩子养成合理饮食、规律作息、热爱运动、和小朋友友好相处、有良好的兴趣爱好、有礼貌等良好的生活和行为习惯，将有利于他形成积极的品质、建立乐观的生活态度，生活得更快乐。

所以，好妈妈都懂得抓住 3—6 岁孩子成长的关键期，为孩子的行为塑形。

2. 游戏是幼儿快乐的源泉

幼儿在游戏中学习科学、文化、社会知识，看清自身的价值。游戏作为幼儿的“日常工作”，幼儿会在游戏中运用他们已经获得的所有能力。同时，幼儿也在游戏中不断使他们的各种能力获得练习或者提高，比如，动手能力、身体运动能力、语言表达能力、社会交往能力等。能力的提高会带来成就感，使得孩子更开心。

在幼儿看来，帮大人打扫卫生、叠衣服等，都是快乐的游戏，他们能够从这些活动中体验到成功带来的愉悦，从这种愉悦中获得对自己、对他人、对社会的信赖和信心。

既然游戏是幼儿快乐的源泉，妈妈就要支持幼儿玩游戏。3—6岁的幼儿，除了玩亲子游戏外，还要以有小伙伴参与的象征性游戏为主。所以，妈妈不要总让孩子一个人在家里玩，要多带他走出家门，加入小伙伴群体，与小伙伴们一起玩起来。

别让孩子陷入痛苦里

傍晚时分，妈妈带着君君在小区里玩，正要回家，女儿却要求去滨河公园玩滑梯。眼看天就黑了，到公园得一刻钟时间，估计已经没有人玩了。于是，妈妈对女儿说："天一会儿就黑了，不安全，明天妈妈早点带你去玩。"女儿说："安全，咱们去吧。"妈妈说："哪里安全啊？你看，大家都在往回走呢！"女儿噘起了嘴，很不高兴。妈妈扭头往家走，女儿跟了上来。

虽然妈妈的选择很明智，但是从教养的角度讲，当孩子被拒绝时，妈妈需要给孩子以安抚。"宝贝，妈妈知道你想玩，那个滑梯滑起来就像从高空飞下来一样，看你昨天玩得多开心！妈妈支持你多玩几次，明天或者后天，咱们早点去，多玩会儿，可以吗？"这个时候，大部分孩子都会点头。"我家宝贝最懂事了，知道安全第一。"然后，妈妈再拉着孩子的手回家。

从成长的角度讲，孩子心情好才会成长得好。当孩子的需要被满足的时候，人脑的边缘系统捕捉到这样的良好情绪，传递给脑结构里的脑干，脑干接收并把安全信息传递到身体各部位，呼吸、心跳、血压正常，大脑前额叶皮层连接其他的认知系统，就开始工作了！即使是一个走路回家的过程，孩子因为情绪好，可以边走边玩、边走边观察、边走边唱歌、边走边和妈妈聊天，这些活动对成长有很好的促进作用。

快乐或者痛苦都是孩子身体里情绪的种子，不同的是，快乐滋养的是幸福的果实，而痛苦则会销蚀孩子对生命的热爱。

对一个成人来讲，当有了痛苦的经历后，他们会因为拥有了痛苦的体验而把注意力转向内心，继而顺从或者接受。这样，生理唤起减少，使得已有的体验有时间“暂停”。这样的过程对成人来讲并不复杂，但孩子做不到，他们更多的是在痛苦中挣扎。

所以，当孩子有了痛苦的体验后，妈妈要关注孩子的情绪，不要让孩子陷入痛苦的泥沼。

1. 当痛苦事件发生的时候，安抚孩子

痛苦是由不良感觉引起的、让人心里不舒服的感觉。作为一种普遍的消极情绪，痛苦的感觉比较常见，特别是对3岁前的孩子来说，他们的认知能力以及自我控制能力发展水平不高，持续的超强刺激，如冷、热、噪声、分离、饥饿、失望、失败和丢失等，都能引起幼儿的痛苦情绪。但是，进入幼儿阶段后，较之以前，能引发孩子痛苦情绪的内容变得越来越少。因为他们已经能够接受一些不如意，心理承受能力有了提升，懂得向人求助，害怕的时候，他们会喊妈妈过来陪伴。

即使这样，孩子还是会因为控制不住情绪而哭泣，这很正常。当孩子

哭泣的时候，妈妈要重视他的感觉，此时，妈妈可以通过孩子的语言、表情，再联系已经发生的事情，对孩子的心情做出判断。看到孩子伤心了，妈妈让孩子描述一下发生的事情。一般情况下，被妈妈温柔对待后，孩子会把事情讲出来。妈妈给以解答或者合理的满足，事情也就过去了。

2. 做好分离工作

对孩子来讲，与妈妈分离该是最基本、最普遍的引起痛苦的原因。3—6 岁的孩子一般都经历过与妈妈的分离，但是，当妈妈要出门的时候，他们还是会很留恋，有的孩子甚至哭闹着要跟妈妈一起出门。这个时候，妈妈不要因为孩子太缠人而生气，要尽可能接纳孩子的痛苦情绪。妈妈压抑住内心的急迫，耐心地告诉孩子：“妈妈要出去办事，时间很紧，不能带宝宝去。所以，宝宝在家里玩，妈妈尽快办完赶回来陪宝宝。”

如果妈妈已经事先确定照顾孩子的人，这个人跟孩子很熟悉、很有耐心、喜欢跟孩子玩，那么，孩子就不会有被抛弃的感觉。妈妈出门后，他很快就会开心起来。

3. 在意孩子的感受，也要处理当下的问题

当孩子被负性情绪主导的时候，会出现“意识狭窄”现象。此时，孩子认知活动的范围缩小、理智分析能力受到抑制，自我控制能力减弱，如果父母再对孩子进行批评教育，孩子不但听不进去，还可能激发孩子的不良情绪，进而使其行为失去控制，甚至做出一些鲁莽的行为或动作。

此时，父母无条件地接纳孩子的情绪，更利于孩子处理负性情绪。

这并不是说，重视情绪，就不处理事情了。孩子感觉好的时候，他才

能做得更好。当孩子的情绪逐渐平复的时候，妈妈可以试着跟孩子讲一些理性的话题。就拿前面案例中的事情来讲，妈妈可以对君君说："如果我们早1小时做打算，就来得及去公园了。现在去只能玩半小时，也不尽兴啊！看来，还是明天去更合适。"当明天可以开开心心地玩个够的想法在心中产生以后，孩子的情绪好了，理性就回来了。

即使拒绝了孩子，父母也要站在孩子一边。孩子有要求，只要合理，父母就该竭力满足。当条件不允许的时候，遗憾的不光是孩子，还有大人。妈妈站在孩子一边，同情孩子当下的处境，孩子觉得我们和他站在一起，也深深地感到遗憾。这样，他们才会接受之前难以接受的结果，妈妈才能够把现在不能满足他要求的原因讲述给孩子听，孩子才会心理平衡。

孩子有了恐惧情绪，怎么办

妈妈带苗苗在小区里玩，看花、捡落叶，苗苗玩得特别开心。这时，过来一只特别大的狼狗。妈妈并没有害怕，但是她担心女儿可能会害怕，于是她返身向女儿的位置赶过去，发现女儿正向狗前进的相反方向跑。与妈妈会合后，女儿大大舒了一口气。

下午，妈妈和苗苗两个人待在家里，夕阳的余晖透过贴着窗花的玻璃窗射进房间，落在米色的地板上，呈现出一片影子。苗苗过来拉着妈妈的手说："妈妈，妈妈，有鬼。"妈妈带着苗苗走过去，告诉苗苗，这不是鬼，是窗花的影子，这个世界上没有鬼，那是故事里杜撰的角色。

恐惧是人的一种基本情绪，在孩子成长的过程中，有一项非常重要的任务，就是认识、了解并解决引发恐惧情绪的问题。只要孩子有机会把恐惧表达出来，妈妈就要给予支持。即使孩子大喊大叫、发抖等行为让妈妈难以接受，但这样的发泄方式有助于孩子摆脱恐惧。

对一个人来讲，恐惧是非常重要的存在。研究显示，人类大脑的一部分能够对恐惧的相关信息做出反应——哪怕刺激微弱到我们无法觉察。当一个人意识到有危险的时候，他的交感神经系统就会被激活，准备应对危险。当孩子遇到危险，体验到恐惧后，会传递给大脑一个信息：有危险，赶紧跑。这个时候，他们会想办法摆脱恐惧情境，让自己进入安全状态。恐惧是人的一种自我保护机制，恐惧作为一项可以帮助人们做出有效防范的不愉快的情绪体验，有一定的存在价值。

但是，如果一个人经常陷入恐惧情绪中，身心就会受到影响。对于来自环境的安全需要是人的基本需要，当孩子经常处于恐惧状态时，交感神经处于激活状态，心率和呼吸增加，与去甲肾上腺素激活的活动有关。有研究表明，重复的去甲肾上腺素激活可能与心血管疾病的风险增大有关。就像战斗需要弹药一样，当去甲肾上腺素被激活以后，会产业、调动较多的葡萄糖准备战斗，总是处于这种身体状态下的孩子，无法安心成长。

人类无法消除恐惧，也不可能消除恐惧，但是，也不能每天战战兢兢地生活。如何让孩子拥有一种与恐惧和平相处的态度，恐惧来了，不惧怕、不逃避，而又不被牵制呢？

1. 孩子有恐惧情绪很正常

三四岁的孩子会问妈妈：“妈妈，世界上有魔鬼吗？”他们很怕魔鬼，天黑了他们就会缠着妈妈，看到黑黑的影子会想到魔鬼。但是到了四五岁的时候，如果有人吓唬他：“快点过来，有魔鬼。”他会说：“世界上没有魔鬼。”

这说明，孩子的恐惧情绪与他们的认知能力有关。美国心理学家高赛尔的研究表明，惧怕随着年龄的增长会发生变化。

3岁后，孩子惧怕的事物逐渐增多，如陌生人的面孔、黑暗和动物都会使幼儿惧怕。黑黑的夜晚，孩子更需要妈妈的陪伴。如果孩子表现出了怕黑的倾向，那么，到了晚上，就不要留孩子一个人在房间里，妈妈可以陪伴孩子入睡。

4岁后，孩子恐惧的内容又发生了变化。他们对声音的惧怕增加了，特别是对警报声感到惧怕。如果有雷声、爆竹声、鸣笛声响起，孩子会产生恐惧情绪，这个时候，妈妈除了陪在孩子身边外，还可以给孩子科普一下相关的知识，并给他吃下一颗定心丸：当下所处的环境是安全的。

5岁后，孩子已经不太害怕动物，但惧怕受伤或者跌倒，对黑暗仍惧怕，特别是惧怕雷电交加的雨夜、警报声等。在这个年龄段，即使孩子已经不怕动物了，也要告诉孩子远离动物，以免被咬到或者被抓伤。在夜晚或者雷雨交加的时候，妈妈一定要陪在孩子身边，这样既可以避免孩子胡思乱想，也可以让孩子有机会面对令他恐惧的东西，及早释然。

就像妈妈能够让孩子从“害怕魔鬼”的情绪中走出来一样，在孩子一天天长大的过程中，那些令他害怕的内容终将渐行渐远。但是，在这期间，只要孩子有害怕的情绪出现，妈妈就要关注和陪伴孩子，因为孩子在摆脱恐惧的时候，需要妈妈的支持。

2. 不要说孩子胆小

天黑以后，或者家里只有妈妈和孩子的时候，有的孩子会寸步不离地跟着妈妈，妈妈去哪个房间，他就跟到哪个房间。这个时候，不要嘲笑孩子胆小。孩子心里可能住着“魔鬼”，或者他们觉得天黑了魔鬼就要出来了。显然，这个魔鬼是孩子想象出来的，孩子在“自己吓唬自己”，等他们了解事实后，就不会害怕了。面对一个不存在的对手，成长是孩子获胜的唯一方式。如果妈妈说他们胆小，反倒给成长增加了负担。

幼儿很难区分真实和虚幻，使得他们在控制恐惧感的时候存在困难，那么，妈妈就接受孩子的恐惧，逐步让孩子看清他想象的世界的样子，不断地揭开他所惧怕的东西不可怕的面貌。随着孩子不断长大，有了理性认识后，爆竹声、雷声、黑夜、鸣笛声、影子等导致的恐惧会逐步消失。

这样的哭，我不屈服：识别孩子的情绪伪装

当孩子伤心的时候，他们可能会哭泣。看到孩子大哭，有的妈妈会担心孩子因为陷入情绪困境而情感受挫，留下心理阴影，影响人格的发展，会快速采取措施来止哭。如果是因为某种需求没有获得满足而哭泣，他们就会即刻给予满足。这样处理很容易导致妈妈无原则，反复这么做，就会被孩子利用，孩子有可能会伪装出痛苦的情绪，迫使妈妈做一些违反原则的事情。

比如，孩子在外面玩，天黑了也不想回家，妈妈有急事要回去，孩子大哭。鉴于身边有很多人，妈妈不想被围观，孩子敏锐地捕捉到了妈妈的急切心情，讨价还价说："给我买瓶饮料。"妈妈平时不允许孩子喝饮料，但孩子又非常喜欢喝。没想到，这次妈妈竟然答应了。孩子很开心。下次遇到类似的情况，他还会哭。

妈妈可能没想到，这个年龄段的孩子已经能够用伪装的情绪和父母抗衡，妈妈切不可大意。

在孩子3—6岁这个年龄段，妈妈还需要注意孩子的哭泣行为。情绪是孩子心理状态的反应，影响孩子的行为，所以，要先搞清孩子情绪背后的原因，避免无原则地退让。

1. 孩子哭泣，根据情况区别对待

孩子哭泣是一件非常值得妈妈关注的事情。如果孩子哭得稀里哗啦，妈妈仍然不管不顾，孩子会觉得妈妈不关心自己，是个冷漠、无情的妈妈。孩子伤心时需要妈妈的支持和鼓励，让孩子感受到爱，才能让他免受更大的伤害。很多时候，孩子哭、孩子害怕，主要是来自令他害怕的事物以及陷入完全被动的处境体验。此时，他需要来自最信赖的人的安慰，而妈妈如果不能给他们关注和拥抱，他们会产生失望且被动的处境体验，情绪将更难以恢复。

对于那些很少哭泣，也不会利用哭泣谋福利的孩子，当他们哭泣的时候，妈妈最好第一时间过来安慰孩子，看看孩子为什么哭泣。

如果孩子哭泣是因为内心很痛苦，比如，伤心、难过、孤独、想吃好久没吃到的美食、想念某个小朋友，等等，这种情况下，妈妈可以满足孩子的需求，陪伴孩子或者给予物质上的满足，只要不过分，都是对孩子必要而正当的回应。对于3—6岁的孩子来讲，他们很乐意向妈妈倾诉内心的感受，妈妈倾听、拥抱的行为能安慰孩子。

如果孩子哭泣是为了实现一个不合理的愿望，妈妈就要坚持原则，而不要被孩子的哭泣所俘虏。只要跟孩子说明白妈妈不答应的理由，即使他哭泣，哭着哭着也就明白了。孩子心情平复后，妈妈可以抱抱孩子，陪孩子玩一会儿，其间，找个机会跟孩子再次重申妈妈不答应他的理由。

2. 在眼泪面前，不要无条件满足

无条件满足指的是以孩子的需求为中心，不考虑客观条件，不考虑后果，无限制地满足孩子的要求。无条件满足不等于无条件的爱。无条件的爱指无条件地关注孩子的情绪和背后没被满足的需求，不管孩子有什么样的表现，妈妈都对孩子的情绪和需求给予关注，会让孩子感受到被安抚。无条件满足的后果是导致孩子被惯坏，没有原则、不知是非。无条件的爱会给孩子面对规则、现实的力量，学会理解他人，不以自我为中心。

父母出于爱的目的对孩子无条件满足是父母在为自己种苦果，孩子最终回报给父母的是心理的长不大，且以蛮横无理的态度对待父母。所以，即使孩子哭泣，也不能无条件地满足孩子的需求。

在和孩子相处的过程中，妈妈会发现，孩子会装哭了。他想要什么，妈妈不给，他就会哭。孩子哭的时候，闭着眼睛，眼泪很少，还时不时睁开眼偷瞄妈妈，观察妈妈的态度。这种情况下，孩子哭是因为特别伤心吗？不见得。

2 岁以后，孩子出现了情绪的伪装。情绪伪装是指在社会交往情境下，个体为维护自己和他人的利益，策略性地调节情绪的表达性行为，导致其内在主观感受与外部情绪表现之间出现差异。研究显示，孩子情绪伪装的能力从 2 岁以后到 5 岁，会进入一个快速发展期。

孩子伪装情绪，如果是为了博取同情，为自己的不合理需求加分，那么，父母就要硬起心肠，不要被孩子的眼泪打动。要知道，此时的孩子已经能够对自己和他人的心理过程有所觉察。他们能够清楚地看明白，甚至寻找时机促使妈妈“投降”，所以，妈妈要有警觉性，要坚持原则。

发脾气就是不懂事吗：学会管理情绪

山山缠着妈妈陪他玩，妈妈说："我在忙，你先自己玩一会儿。一会儿爸爸回来就陪你玩。"山山开心地说："爸爸回来后，就可以和我一起搭积木了。"于是，他又自己玩了起来。这么通情达理的山山实在可爱。在外边玩的时候，如果遇到哪个小朋友蛮不讲理，过来捣乱，山山会走开，嘴里还念念有词："好吧，我去另一个地方玩。"但有时，山山也会据理力争，说："这是我先发现的，我在玩呢，你走开。"一副当仁不让的样子。有时，还会发生肢体碰撞，推对方一把或者搡对方一下。有的时候，山山也会缠着妈妈，大哭大闹，不让妈妈做自己的事情，让妈妈很烦躁。当山山发脾气的时候，妈妈就忍不住要教训孩子几句。妈妈觉得，孩子长大了，就该懂事了。

那么，孩子发脾气就是不懂事吗？妈妈一定要明白，哭泣是孩子自然康复的过程。当他们处于困难状态的时候，要靠哭泣来恢复自信，宣泄心中的恐惧。3 岁以后，幼儿的情绪表现依然是外显的，缺少控制，情绪常常极度强烈和高涨。他们有时会出现极度的恐惧，有时会莫名其妙地发脾气。到了 4 岁，较 3 岁前，情绪控制能力进一步发展。到了五六岁，他们已经不再像小时候那样频繁地爆发情绪，但情绪调节能力依然不足，常常控制不住自己的情绪。此时，妈妈需要帮助孩子学会管理情绪。

妈妈要在孩子的成长过程中，通过正确的方式引导其学会调节和控制情绪。

1. 不要打断和干涉孩子的情绪表达

情绪是人类天性的一部分，不管是积极情绪还是消极情绪，都有存在的价值。但是，这并不意味着人可以任由自己的情绪倾泄，伤人伤己。所以，人要学会控制自己的情绪。情绪控制是在个体管理和改变自己或他人情绪的调节过程中，通过一定的策略和机制，使情绪在生理活动、主观体验、表情行为等方面发生一定的变化，从而很好地适应当下的环境。

孩子的情绪控制能力随着年龄的增长而变强，这既与大脑额叶的发展有关，也与父母的教养有关。孩子上了幼儿园中班或者大班，遇到挫折或者不顺心的事情，会给自己找台阶下，不会当时就发脾气。当他剪一个纸花而没有成功的时候，他会说："重来一遍不就可以了吗？"很显然，这是被父母教导过的孩子，内化了父母教给他的道理，也就接受了不满意的结果，采用理性的方法继续努力了。

2. 带着孩子调节情绪

孩子情绪控制力差，发脾气的时候，如果妈妈再不控制自己的情绪，那么，局面就乱了：孩子哭，妈妈也哭；孩子哭，妈妈大叫；孩子叫，妈妈大喊……试想，孩子亲眼看到妈妈被激怒时发脾气的样子，那么，以后他心情不好时也就会发脾气。

所以，不管孩子怎么闹腾，妈妈都要淡定。不做孩子坏情绪的“接盘侠”，激惹的后果就是大家心情都不好，还解决不了问题。

心理学上有个著名的锚定效应，指的是人们在对某人某事做出判断或者情绪反应时，易受第一印象或第一信息支配，就像沉入海底的锚一样把人们的思想固定在某处。人体的细胞有记忆，每经历一次失控和混乱，那么，下一次很容易就这么做。所以，与其等孩子养成发脾气的习惯再改正，不如早早教孩子学会理性控制情绪。

当孩子情绪不好的时候，妈妈也不要打断孩子，可以表达出对孩子表现的不认同，但不抨击、不打断、不指责也是该有的态度。陪伴或者拥抱孩子，孩子哭过、闹过之后情绪就平和了。一定程度上，妈妈要明白，孩子越有安全感，他越能向你充分显露他的情感。当然，事后妈妈可以说：“你这样做让我感觉很不舒服，我很生气。”“宝贝，你冲着妈妈大喊大叫，我一点儿都不喜欢，希望你以后不要用这种方式跟妈妈讲话。”

妈妈在接纳孩子坏情绪的基础上引导孩子，更利于孩子成长。妈妈既保护了孩子的情绪状态，也给了孩子一个情绪认知的立场，同时，也让孩子学到了以什么样的态度去面对他人的情绪情境。

当孩子正在做的事可能会让人不痛快的时候，妈妈可以提前行动，把孩子的注意力导向别的方面。比如，孩子摔倒了，虽然很疼，但是他站起来后妈妈对他说："忍一忍就过去了。"妈妈带孩子出去玩，回来得有点晚，气温下降了，妈妈说："咱们跑步吧，跑步就不冷了。"孩子也会跟着大人跑起来，然后说："跑跑就不冷了。"

用等待磨磨孩子的急脾气

在孩子一步步成长起来的过程中，每位妈妈都遇到过被孩子催促的情况。面对孩子“等不了”的样子，如果不是因为妈妈对孩子有足够的了解，淡定下来还真不容易。

军军非常喜欢玩工程车，如挖掘机、推土车、压路车、垃圾车、吊车、抓车、大铲车、翻斗车等，家里有好多套。他会设计出各种路况甚至险情让工程车工作，把被子弄成拱桥、爸爸的大腿当成高速公路、积木搭成桥的形状，然后让工程车工作。可以说，各种玩法都有，他每天玩得不亦乐乎。

现在，军军4岁半了，他又有了新招。什么新招呢？就是让爸爸妈妈给他画工程车。每天都要画，画好后他拿在手里反复看，睡觉前还要放在枕边。

有时，妈妈要琢磨怎么画，笔走得比较慢，军军就不高兴，拍手、跺脚让妈妈快点，甚至还会急哭。有一次，军军让妈妈画沥青洒布车，妈妈从没听过这种车，更没见过，只得先在网上搜一搜，看看模样。网上这种车的图片也比较少，妈妈找了很久，军军就着急了。他不停地说：“妈妈，快点啊，快点画，我要看看。”妈妈说：“我已经告诉过你，什么事情都不要着急，怎么又着急了？”

以前每次在网上买完东西，军军都要不停地问妈妈：“妈妈，什么时候到啊？”妈妈细细给他讲了好多次，他才理解了商品从很远的地方发过来，要经过打包、汽车运送、飞机运送、快递叔叔运送，路上要好几天，所以不能着急，要等着。

妈妈反复解释，军军才接受了“不能着急”的道理。可如今，他又着急了。没办法，妈妈又开始耐心地跟他说：“你着急，催促妈妈快点。妈妈心里急，拿笔都不利索了，更画不好了。”军军噘着嘴说：“你不能画不好，我要好的。”妈妈说：“那你就耐心等着，先玩小汽车，好吗？”军军点点头。虽然他一边玩小汽车一边时不时地看妈妈几眼，好在忍住了，没来催妈妈。

妈妈画好后交给军军，军军咧嘴大笑。妈妈说：“记住，不管做什么事情都得一步一步来，着急反倒做不好了。”军军点点头。

“急”是孩子都会表现出的一种情绪状态，这种共性的表现受限于孩子的身心发展阶段。孩子出生以后，他们就开始了对时间的适应和感知，1 岁左右的孩子就建立了对时间顺序的理解。比如，孩子要吃水果，妈妈说：“你坐在这里等着，妈妈去给你拿。”孩子就能等着妈妈去拿水果。这种“立即行动就能见到结果”的方式，孩子接受起来比较容易。假如妈妈中间耽误一会儿，孩子就会因为着急而催促。

要真正让孩子形成一种“完成一件事情需要一定的时间”、“有的事情花费的时间长一点”的心理表征需要一个过程，前提是孩子懂得做这件事需要多长时间。当他们不懂的时候，他们就会感觉慢了，加之对于结果的迫切愿望，便会因此而催促。遇到这种情况，大人该怎么做呢？

1. 提升孩子对过程的认知

妈妈要帮助孩子认识到做事情需要时间，事情的结果是在经历了做的过程以后才能到来的。

孩子饿了，要吃面包。爸爸出去买，孩子和妈妈在家里等待。饥饿的孩子会说：“爸爸怎么还不回来呢？”妈妈可以说：“爸爸要走到超市，然后找你要吃的那一款，再结账、走回来，是不是有个过程啊？爸爸知道你等着吃呢，他不会贪玩，买完会快步走回来。你先看会儿书，顺便等爸爸吧。”

这样和孩子沟通，三四岁的孩子很容易理解，不会因为着急而哭闹。这个年龄段孩子理解了“不着急”，接下来，对于这类事情孩子就能够控制自己不着急。但是，下一个年龄段他们会有别的让他们着急的事，这个时候，妈妈还是要继续磨一磨孩子的急性子。

孩子想要妈妈带他出去吃饭，但是，妈妈需要完成手头的工作才能出门。此时孩子已经迫不及待了，他不停地问妈妈：“妈妈，好了吗？妈妈，好了吗？”这个时候，妈妈可以严肃地对孩子说：“我们12点吃饭，现在才10点，我们11点出发正好，去早了太浪费时间。现在，妈妈要工作一会儿，你去玩吧，到11点，我们准时出发。”

妈妈给孩子一颗定心丸，孩子就不会心里没底了，也不会着急了。

2. 有意识地延迟满足

美国斯坦福大学教授沃尔特·米歇尔在一所幼儿园里做了一个“棉花糖实验”。实验结束后，实验人员继续对这些被试的孩子跟踪观察，发现在实验过程中做到延迟满足自己的孩子，上学后成绩更好，长大后更成功。延迟满足体现了孩子拥有一定的选择能力、判断能力、权衡利弊能力、自我控制能力等。

一系列的追踪研究表明，根据儿童学龄前的自我延迟满足行为，人们能够对其成年期的社会适应和认知能力做出很好的预测。那些四五岁时能够抵制即时满足而获得延迟满足的儿童，十多年后在学业成绩、社会能力、应对挫折和压力等方面都有较好的表现。

对于 3—6 岁的孩子，当他们有需求的时候，比如，想吃一顿美食、想买一个玩具、想出去玩一会儿等，妈妈可以对孩子说：“周六下午。”“周日下午。”“下个月第一个周末。”总之，把时间往后拖一拖。孩子在等待的过程中，会有思考、有期待、有改变，以及对自己的要求，提升了自我调节的能力。

第 4 章

有本领，守规则：拥有适应未来社会的能力

孩子属于未来。未来什么样，谁都不能准确地描画出来，但有一点能肯定，一定是文明、进步、高尚的样子。

此时最该严格要求孩子有礼貌

冰冰3岁上幼儿园，在小班大半年的时间里，从来不主动跟人打招呼。早晨，到了幼儿园门口，老师说：“早上好，冰冰。”冰冰冷着脸，眼睛都不眨一下地往幼儿园里走。妈妈在后面代劳：“早上好，老师。”放学了，有小朋友大喊：“冰冰，再见。”他也不说话，只管闷头走自己的路。

妈妈觉得，冰冰这样很不礼貌。于是，每天晚上，妈妈都会跟儿子说，早晨入园要跟老师、同学打招呼，老师和同学跟你打招呼要回应，这才是有礼貌的表现。妈妈苦口婆心地说，孩子真诚地点头。可是，第二天冰冰还是不说话。

妈妈着急，担心孩子不能适应幼儿园生活。妈妈把内心的担忧反馈给老师，老师说冰冰在园里表现很好，懂道理，能谦让，不惹事。至于学习礼貌这件事，可以从长计议。果然，半年以后，冰冰表现得有礼貌了，“谢谢”常挂在他嘴边。

由此看来，要孩子表现出礼貌的行为不能着急，就像其他方面的成长一样，需要一个过程。跨越这个过程，有的孩子用的时间久一点儿，有的孩子会快一点儿。

礼貌是一项最基本的道德规范，人们在长期共同生活和相互交往中逐渐形成，以风俗、习惯和传统等方式固定下来。在古代，礼仪被细致地划分为进食之礼、尊贤之礼、侍奉父母之礼、夫妻之礼等，足见古人对礼仪的看重。从古到今，一代又一代人对礼仪的践行，使得这些长幼相亲、朋友相敬、族群和谐的道理传承下来，升华成了中华民族的美德，使得礼仪之邦声名远播。

从个人方面来讲，礼仪虽然是外化的行为，却是内心对他人友好、尊重的表达，要孩子真正成为一个文明人，发自内心地崇尚文明道德，是从讲究言行举止间的礼仪开始的一个长期的教养过程。

1. 妈妈的尊重为孩子打下文明礼貌的基础

妈妈重视礼貌教育是一种非常明智的教养行为。《塔木德》中说：“礼貌是一切美德的起源。”礼貌是人类维系社会正常生活最基本的道德规范，社会成员自觉遵守，人与人和谐生存。对一个人来说，讲礼貌是一种基本的素质，蕴含着彼此的尊敬，能够促进彼此关系和谐发展。

孩子的成长是一个社会化的过程，如何使得他们在未来走向社会的时候如鱼得水，学会以礼待人，父母的责任重大。孩子社交关系中最先接触的人是父母，父母应以身作则，以尊重的态度对待孩子，满足孩子的心理需求，不吼不叫、不打不骂，耐心引导，让孩子成长为文明礼貌的、受欢迎的孩子。

2. 赏识孩子的礼貌表现

讲礼貌不是做给别人看的，而是内心世界对对方尊重的表达。当孩子因为遭遇了不礼貌的行为而心里不舒服或者感到不痛快的时候，妈妈可以私下里告诉孩子：“小朋友这么做不对，他妈妈会告诉他怎么做的，原谅他吧。我家孩子从来不这样做，做事之前会考虑别人的感受，是不是？”

不同年龄的孩子表现出的礼貌行为不一样，妈妈培养的内容也不一样。虽然 3 岁的孩子对行为规范有了初步的认识，在与人交往的过程中也能遵守行为规范，但做不到的时候也很多，比如，看到吃的他们可能自己拿起来就往嘴里放，而忽略了给身边的奶奶一块。怎么办？提示孩子一下就好了。这个时期，妈妈可以盯着孩子使用礼貌用语、及时应答他人、专心听别人讲话、不乱动别人的物品、不和小朋友打架等。

到了幼儿园中班，四五岁的孩子有了更广泛的行为活动，比如，给别人递物品、帮爸爸妈妈接电话、帮助老师拿东西、向人问路、购买物品等。这个时候，妈妈要监督孩子以礼貌的方式与人交流，完成任务，比如，学会说“请”“谢谢”“打扰了”等。

到了五六岁，孩子的礼貌行为有了较大的进步，妈妈教育得好，那么，“做个有礼貌的人”这样的意识已经在孩子心中扎根。在 3—6 岁，孩子的品行已经打下了良好的基础。

3 岁前，孩子处于与人交往的初始阶段，这时，对孩子进行礼貌教育会事半功倍。

3. 教孩子做错事一定要道歉

有位爸爸，一边玩电脑一边吃零食，而且把垃圾放在了儿子的画纸上。

儿子看到了，抽走画纸。这位爸爸大声喊："你干吗呢？"儿子说："不许往我的画纸上放垃圾。"爸爸说："那你也不能直接抽走啊！你懂不懂礼貌？"儿子说："你也不懂礼貌！"听到儿子这么说，妈妈乐了，让爸爸给孩子道歉。爸爸换了一副笑脸说："儿子，爸爸错了。爸爸保证以后不在电脑前吃东西，也不乱动你的画纸。"

如果爸爸妈妈做错事能及时向孩子道歉，这样的行为被孩子看在眼里，也会记在心上，当自己做错事的时候，就能平静地表达歉意。

遵守规则：让规则教育事半功倍的方法

现在的孩子出生并成长在一个有秩序的社会，在孩子成长的过程中一定要重视规则教育，以科学的方法帮助孩子建立规则意识，不断以符合社会规则的方式要求自己。

有位妈妈说：“我特别重视孩子的规则教育，经常在孩子耳边说要懂规矩，不然，人家会笑话的。可是，孩子还是不懂规矩啊！去餐厅用餐，孩子跑来跑去，我让孩子安静点，孩子想跑着玩一会儿，然后就跑起来了。在公园里，孩子会随意掐花。我也告诉过他，花是留给大家欣赏的，摘了别人就没得看了。规则教育好难啊！”

对 3—6 岁的孩子来讲，出生后前 3 年几乎是随心所欲地生活，较少受到外界的管束。一旦要他们遵守某些规则，就会有因为欲望没有获得满足、行为受到限制而感到不舒服。如果妈妈言辞再生硬一些，孩子接受起来就更难了。

所以，在幼儿期培养孩子的规则意识，最好采用“润物细无声”的方法。

1. 和孩子同行时

对孩子来讲，最高兴的事情莫过于与父母一路同行。即使遛遛弯儿、散散步，都会让孩子兴致高八度，脸上溢满幸福的微笑。选择这样一个孩子安全感很强的时刻，跟孩子说说规则，孩子能记住。

如果孩子在超市里跑来跑去，当时制止效果不好，那么，在满载着孩子喜欢的商品回家的路上，妈妈可以跟孩子聊一聊。“宝贝，今天在超市里，有一件事你做得不好，你知道是什么事情吗？”孩子说：“我乱跑了。”妈妈说：“超市里人多，而且超市的地板可能有湿滑的地方，万一摔倒，不但自己疼，还可能撞到其他顾客，或者损坏商品，多危险啊！以后不能跑了。”说上一两次，孩子就能记住了。

一家人自驾游，路上如果遇到哪辆车开得太快或者野蛮超车，妈妈可以跟孩子说：“有些司机开车太猛了，不光在路上，在小区里也是这样。所以，小孩子在外边玩的时候，一定不能乱跑，要在无车的安全区域玩。”

这个年龄段的孩子的思维形式以动作、形象为主，所以，把规则置于情境中讲给孩子听，孩子理解起来更容易。如果恰逢他们心情好，那么，理解、记忆的效果就更好了。

2. 就事谈“规则”效果好

如果有一天，孩子问你：“妈妈，我可以玩这个吗？”你是不是有点惊讶呢？从前，他可不管这个东西是谁的，看到了就拿着玩，人家过来拿，他不但不给，还理直气壮的，俨然他就是物品的所有者。这就是成长。孩子对社会的适应能力越来越强，这源于他们心中规则意识的建立。

社会的有序发展是以各种规则的存在为基础的，比如，道德规则、社会习俗等。孩子只有懂得这些规则，才不会触犯，而是享受规则带来的便利，自由自在地成长。所以，妈妈不要觉得教孩子规则是一件让孩子痛苦的事情。人类天然的可塑性和适应性决定了规则的习得不但不会让他们感到痛苦，还会促进他们身、心、智各方面的成长。

妈妈带孩子在游乐场玩，孩子要坐游轮，妈妈领着孩子去买票。孩子看着长长的队伍有点等不及了，不停地说："怎么人这么多啊！我都要等不及了，快热死了。"前面几个大学生听到孩子的话，说："你站我们前面吧，你先买。"孩子直接就走了过去，然后冲妈妈招手。妈妈把孩子喊了回来，说："热了，你可以喝点水。大家都很热，也都很着急，大哥哥大姐姐也很想快点坐上游轮，我们不能加塞。"孩子噘着小嘴答应了。

排队只是日常规则中的一个小方面，但是对孩子来讲，却是一种考验，需要付出一定的体力，对外界环境有一定的接纳水平，这个过程提升了孩子的自觉性、自控力，会让他们懂得若要达到一个目标，需要一个过程，并付出一定的努力。还让他们懂得，自己来晚了就该排在来得早的游客后面等待，这是人人平等的原则，没有谁能享受特权，这就是社会规则。当这样的规则内化成个人的行为标准后，妈妈就不需要担心孩子将来走上社会后，会因为不排队而扰乱社会秩序，甚至因此而引发社会纠纷。

被欺负必须反抗：避免性格上的懦弱

平平是个活泼好动的男生，在幼儿园里喜欢摸这个小朋友一下、打那个小朋友一下，大家都躲着他。但是有一个小朋友，只要被“侵犯”就会还回来，然后，两个人就会进入战斗状态。老师看着这两个孩子你追我赶的也没有受伤，就采取了观望的态度。打了几次后，他俩不打了。老师问平平：“你俩怎么不追着打了呢？”平平很认真地说：“他跑得太快，我追着跑太累了。他手掌大，拍我的时候很疼，我太吃亏了，不打了。”两个孩子觉得一起玩比打架更有意义。

你冒犯、打扰了我，我就要反抗，让你明白我绝不会任由你欺负，这是小伙伴之间正确的交往态度，有利于孩子的人格发展。当然，反抗的方式以口头交流为主，此法行不通，“动手”也有可能。在幼儿园里，有老师在，孩子之间的“对打”基本不会造成伤害。

最不可接受的方式就是，当孩子被欺负后，吓到了，忍着，不敢反抗；

或者频繁地去找老师告状，说哪个同学打他了。这些表现都不利于孩子积极性格的塑造。一种是懦弱，保护不了自己，不能维护人格尊严；一种是依赖，觉得自己不行，寻求老师这个外援。

在幼儿园这个集体里，孩子要学会自己照顾自己，建立良好的行为方式，养成良好的行为习惯，促进心理健康，为良好人格的发展奠定基础。

当孩子被欺负后有退缩的表现时，父母该怎么做才能让孩子有勇气反抗呢?

1. 在家里尊重孩子

如果妈妈想让孩子明辨是非、自爱自强，在养育孩子的过程中先要做到尊重孩子。从孩子一出生，家长就要努力了解孩子的成长需求和心理发展情况。其中，被尊重是一项很重要的需求，使得他们感受到自己是被重视、被期待、被认可、被善待、被祝福的。自己是受到尊重的，当自己不被尊重的时候，就要反抗，申明自己的立场，使得别人改变对待自己的方式和态度。

当孩子在家里享受的是被尊重的生活，那么，他就建立起一种对家人的尊重的态度并延及到与他人的交往中。当有人不尊重自己时，他自然而然就会发出抗议，寻求公平对待。

2. 礼让在先的原则

强强和班里的小朋友打架了，他狠狠一巴掌把小朋友的胳膊都拍红了，小朋友被打哭了。老师问强强：“为什么要打小朋友啊？”强强振振有词：“他已经冒犯我好几次了，我都忍了。昨天我就告诉他，我玩积木的时候，他再过来乱动，我就打他。”老师说：“虽然是小朋友冒犯你在先，他有错，但是你也不能动手打人。以后再有这种情况，老师来帮你解决。”

为了避免孩子太过莽撞，面对他人的冒犯，妈妈要告诉孩子：“先要保护好自己，申明自己的立场，一般这样就能起到制止的作用。如果对方不识趣，你再要么找老师，要么针锋相对，但是不能屈服。”总之，妈妈既要教会孩子自我保护，也要鼓励孩子不要怕。妈妈这么教孩子要好于跟孩子说“在幼儿园里不要与小朋友打架”，这种大而化之的话语可能会误导孩子，使得他们被冒犯的时候都不出手。毕竟不是每个孩子都懂事、有礼貌，遇到“熊孩子”，还是需要给他们点颜色瞧瞧，让他们明白“谁都不是好欺负的”“触犯他人要付出代价”，要“与人友好相处”。

学会整理物品：享受秩序生活

有位妈妈说，儿子玩轨道车，拼轨道的时候，突然就哭了。我问他怎么了，儿子说轨道拼不上。我看了看，发现他玩的不是一套的，怎么能连接起来呢？我又看了看满筐的轨道积木，对儿子说："来，咱们先把它们分开放好，然后你再玩。"我们足足花费了一小时，才把四种轨道车的轨道分清楚。儿子说他以后也这样分着放，免得玩的时候太乱。

当孩子的玩具很乱的时候，妈妈和孩子一起整理，能培养孩子的整理能力。但在很多妈妈心中，整理似乎是一件很容易被忽视的事情：今天整理好了，明天忙了，就想不起来整理；后天呢，看着还可以，不是很乱，还是没整理；就这么再拖几天后发现家里已经乱得不行了，于是，开始整理。整理的决心每天都会下，却没有付诸行动，孩子的整理习惯以及整理能力就这样伴随着父母的不坚持而被耽误了。

其实，很多家长没有坚持培养孩子的整理能力，是因为他们并不重视这件事，他们觉得这是一件长大了自然就会的事情。有的家长还认为家里乱一点儿孩子更聪明，有的妈妈是因为事情太多实在顾及不到整理孩子物品这件事。其实，整理能力对孩子的影响很大，而且随着年龄的增长，对学习、生活、工作的影响也会越来越大。

“整理”一词的意思非常广泛，基本意思是整顿，使有条理、有秩序。除此以外，在不同的行业领域又有着不同的专业解释。小到家务，大到人生，要想有条理、有秩序，呈现出一派井井有条的态势，需要不断地整理，吐故纳新，日臻完善。整理可以使人们过上真正需要的“极简生活”，但是简化的并不仅仅是物品的数量，而是人们在选择物品时的决策时间，用有限的时间做出更有品位的选择，节省更多的时间去做其他更有价值的事情，最终提升的是对生活的掌控力。

要想孩子上小学后能够很好地整理学习用具、学习资料，升入中学后，不但能够整理资料，还能搜集资料，从海量资料中准确选择并整理出自己需要的那一部分，不是长大了就会的，而是需要从小就在整理当中历练，在整理的过程中提升自己对条理、规矩、秩序、效率等的认识。那么，在3—6岁这个年龄段，妈妈该怎么指导孩子有效地锻炼整理能力呢？

1. 整理日用品

孩子的日用品很多，包括洗漱用品、衣服鞋帽、日常玩具、书本等。让孩子自己整理这些日用品，并保持整洁、利落，孩子在整洁的环境中享受到了舒服、便利、简洁，他们就会认可并向往这样的生活。起初，他们可能需要在妈妈的提示或者帮助下进行整理活动。日子久了，他们的整理能力不但获得了提升，整理的自觉性也获得了提升，他们自己就能主动地去整理。

2. 整理私有物

孩子的私有物除了玩具外，还包括他收集的小花、树叶、小贝壳、小朋友送的小贴画、绘画作品等。这些对孩子来讲可能只是一时的宝贝之物，但也需要整理好，放在一个合适的地方。妈妈把这些小任务交给孩子，提示孩子以小制作的方式给这些作品打造一个有创意的家，不但锻炼了孩子的整理意识，也拓宽了孩子的整理思路。

3—6 岁，教孩子学做家务的好时候

星期天，妈妈要带硕硕出去玩。当妈妈把一切要带的物品收拾停当，到硕硕房间喊他起床的时候，看到硕硕已经穿戴好，一边玩玩具一边等妈妈呢。妈妈纳闷了：“你是怎么找到这套衣服的啊？”硕硕说：“我昨天拿完睡衣，整理小柜子的时候，看到多了这么一套衣服，就想可能是准备今天穿的吧。于是，我就穿了啊。”妈妈满意地点点头。

妈妈觉得孩子真是长大了，自己加班回来晚了，他能为自己弄吃的；妈妈洗好的衣服，晾干了，他会主动收起来叠好放到柜子里；妈妈大扫除，他会主动帮忙擦玻璃、拖地……他喜欢做家务，因此耽误了玩耍的时间，但从不抱怨。有一次，妈妈奖励他 20 元钱，他说：“您不是也很累吗？给自己家干活，累点就累点吧，哪能要钱呢？”

每个孩子都会经历一个从看到别人干什么就伸手要体验一下，到能够自主地完成一些家务活的过程，比如，在六七岁的时候能够做一些简单的

家务，如洗碗、扫地、洗袜子、叠被子、叠衣服等，这期间一定有一段孩子想干父母就让孩子干的经历。

1. 三四岁，带孩子做家务

关于陪妈妈做家务这件事情，三四岁的孩子热情最高，可以说，他们看到妈妈做什么就想做什么，妈妈不让他们做都不行，因为他们太想做了。孩子外显的行为受内在的心理发展推动，此时，正是他们对做家务充满好奇、想动手做的时期。于是，他们会不管不顾地伸手到妈妈的面盆里、装菜的篮子里。孩子如此“狂热”，妈妈该怎么办？要按捺住去保护的急切心理，分一杯可以操作的“羹汤”给他们，满足他们做的欲望，他们做的热情才不会消失。

有的妈妈说，孩子不会做的时候瞎捣乱，等会做了让他做却不做。只要妈妈给孩子捣乱的机会，等他们真正能够做好的时候，他们也会喜欢做。如果妈妈嫌弃孩子捣乱，孩子也就失去了锻炼的机会，等大人想让孩子做时，他们既没有做的能力，也失去了做的兴趣，就真的变“懒”了。

2. 四五岁，指导孩子做家务

四五岁的孩子较之以前，手指的协调能力更强，动作更灵活，这个时候，完成一些动作的能力更强了。

比如，同样是拿着笤帚扫地，此时他们可以把地面扫得干干净净。而三四岁的时候，他们只会一下一下地划拉，而不注重有没有扫干净，他们也的确不能扫干净。

所以，在这个年龄段，当孩子做家务的时候，妈妈可以指导孩子具体怎么做，把正确的方法教给他们。等他们做完以后，妈妈要鼓励，让孩子感受到他们的工作促进了家庭环境的改善，同时也减轻了父母的劳动，让父母很开心。

父母做家务的时候，可以给孩子分派一些工作，或者规定每周的哪一天孩子要扫地或者整理小书架或者浇花。这些活动看似简单、轻松，孩子能够坚持做完，就是很好的锻炼，也能促进孩子自我管理能力的发展。

3. 五六岁，鼓励孩子独立完成家务

如果从前妈妈有效地引导孩子学习做家务了，孩子对做家务已经建立了充分的热情，那么，到了五六岁，妈妈可以交给孩子一项家务，让孩子独立完成。

就拿洗袜子来讲，此时，他们能够把袜子洗干净，然后晾上。要知道，此时孩子洗袜子可不是以前那样，接多少水心里没数，可能多了，也可能少了，可能弄得满身满地都是水，还可能洗着洗着就玩别的去了，或者放了太多的洗衣液，弄得泡泡怎么洗都洗不干净。

此时的孩子每一步做得都很稳妥，水接得适量，洗衣液放得适量，洗衣的动作适度，水基本不会溅到地上。也就是带着完成工作的心情去完成，而不是以玩耍的心态去做。

一段时间以后，对于孩子的良好表现，父母要给以鼓励。父母的肯定和鼓励可以让孩子看到自己有能力的样子，从而养成这样做事的好习惯。

自我保护能力：安全教育进行时

孩子屡次被人欺负，为什么不告诉父母呢？这与他们对身体的认知能力有关。孩子可能不知道自己的身体神圣不可侵犯，谁都不能摸，尤其是内衣覆盖的部位。这不是孩子的错，而是父母太大意，没有教孩子如何保护自己。

3 岁以后，孩子行动能力增强，自主意识提升，活动空间变大，大人对他们的看护稍有放松。这种情况下，要确保孩子的人身安全、精神愉悦，需要他们具备一定的自我保护能力。

1. 安全教育不能放松

一般情况下，大人对三四岁的孩子说："不能吃陌生人给的东西，不要跟陌生人走。"他们记住了，但并不等于时时刻刻都清楚地记得，或许玩着玩着，有人给吃的就吃了，有陌生人冲他微笑，送他玩具就收下了。

对于这么大的孩子，安全教育要时时进行，没说过的要说，说过的要重复说，才能确保孩子真正记住，心里那根警惕的弦才能绷得住。而且，在外边，父母要看得紧一点儿。

当孩子掌握了一些安全规则，他掌握的内容就会在他们的言行举止、游戏活动中展现出来。

比如，孩子玩小汽车的时候会说：“车子开得太快了，没看到旁边有小朋友吗？在小区里怎么能开这么快啊！这个司机没有安全意识。”

孩子越大，生活领域越广泛，面临的情况越复杂，家长在安全教育的内容里越需要加入新的内容，让孩子提高警惕。

比如，当孩子对剪刀好奇的时候，妈妈告诉他不可以摸，会扎手，然后给他买来安全剪刀让他玩。到了四五岁，他剪纸时安全剪刀可能不好用，就要用标准剪刀。这时，妈妈不但要告诉孩子正确的使用方法，还要告诉他不可以把剪刀的尖锐部分对着别人，而且用完剪刀要放到工具箱里。

2. 内容要全面

安全教育的内容很广泛，涉及日常生活中的安全自护，比如，不玩锐利物品、不攀爬柜子、手不要扶着门轴处、不要玩插在电源上的充电器等，这些都需要反复跟孩子说，并告诉孩子不听话的后果。最好用讲故事、看视频的方式，内容形象生动、触目惊心，更能激发孩子的防范意识。

还要教孩子了解出行的安全常识，比如，交通安全、水电安全、防备陌生人拐骗等。这些内容，即使孩子长大了，懂了，也要反复说，因为触电、溺水、车祸等事件不会随着孩子年龄的增大而减少，反而因为孩子的马虎大意而增加了悲剧的发生率。

3. 父母要以身作则

当孩子看到妈妈用湿手去按插电板上的按钮、插用电器，那么，某一天，孩子也会这么做。等那个时候承担事情的可能后果，不如从现在起就以身作则，再着急也要先把手擦干，再去动电源或者插电板。

妈妈带孩子去海边玩，不能去没有开发的“野海”，而是去安全设施完备的景点，不但提升当下的安全系数，也帮助孩子建立起出行的安全意识。

妈妈过马路不闯红灯，不在马路边跟人聊天，不带孩子在马路边玩；不跟陌生人聊天、说话，不贪小便宜；坐车不把头伸到车窗外；不在靠近电源的地方停留；不乘坐黑车；不走夜路……那么，孩子也就跟妈妈学会了正确的行为方式。

建立时间观念，不迟到

任何一个人对于时间的有限性和既定性，都不是生来就能理解的，要形成对时间的正确感知，需要一个在生活中慢慢体悟的过程。晚上，妈妈对孩子说:“早点睡，明天早晨早点起来，然后妈妈带你去公园玩，太阳晒了，咱就回来。”第二天清晨，如果妈妈不跟孩子强调时间，孩子可能会在家玩，出门就会被太阳晒。但是有过一次这样的经历后，下次遇到类似情况，在妈妈的提示下，孩子就会有一定的时间紧迫感。

所以，对于孩子早晨赖床、做事磨蹭的情况，家长先要接纳。3 岁的孩子还没有建立时间的概念，所以，当早晨送孩子去幼儿园的时候，妈妈非常着急，孩子依然我行我素地玩玩具或者抗拒穿衣服的情况很常见。

更何况，孩子之前过的日子是想睡就睡，想玩就玩，一下子要他们转变过来会很难。所以，面对早晨起床这件事情，想让孩子快起来，如果只是靠喊、靠催，一方面改变孩子难，另一方面还容易乱了自己的方寸。

那么，父母怎么做才能保证孩子顺利入园，自己又不至于被折磨出暴脾气呢？

1. 用习惯引导

虽然孩子在 3 岁的时候已经能够很好地建立起对时间的理解，但是，孩子到了 4 岁的时候仍然不能完全借助自己的生活经验来理解时间顺序。在孩子眼里，早晨、中午、晚上还不是一个时间关系的系统。虽然一入园孩子就会说“妈妈，第一个来接我啊！妈妈，早点来接我啊”，但是，他们不知道妈妈接自己的时间是几点。

孩子没有时间观念，但是妈妈有，妈妈可以做孩子的时钟，默默地帮助孩子养成准时入园的习惯。

如果孩子能养成到点就起床的习惯，那么，受习惯的引导，孩子自然而然就跟着习惯走了。当然，养成早睡早起的习惯也需要花一些心思，但毕竟引导孩子的行动与跟孩子大谈他不懂的时间观念比起来更容易一些。

如果有一起入园的小伙伴，可以相约一起入园。当妈妈告诉孩子，小伙伴在楼下等他时，对同伴的依恋会促使他加快行动，以免小伙伴先走了。

2. 帮助孩子建立时间观念

大概从幼儿园中班开始，孩子就会说出这样的话“妈妈快点，要不就晚了”。既然孩子已经对时间的既定性有了认识，妈妈就可以跟孩子谈时间了。

时间是个十分抽象的概念，它没有直观的形象可以被人所直接感知。但人们可以轻松地根据自己的主观经验来判断、预测事情发生、持续的时间。

5 岁前是儿童对一日之内时间顺序理解的快速发展时期，而对于一周和一年之内的时间顺序理解还存在困难。如果大人经常跟孩子说春夏秋冬，过完了春天就是夏天，夏天过去了就是秋天，秋天之后就是冬天，孩子的意识中就会建立起一种四季轮回的认知。

如果孩子问妈妈："妈妈，一会儿出去遛弯儿吧？"妈妈可以跟孩子说："现在是下午，得吃完晚饭，到傍晚了，再去遛弯儿。"如果孩子问："明天是星期几？明天去幼儿园吗？"妈妈可以告诉孩子："除了星期六和星期日外，星期一、星期二、星期三、星期四、星期五都要去幼儿园，这五天是入园的日子。"

3. 带着孩子感受时间

时间是一个概念，时间的特性表现在它是一种客观存在，却不是本来就有的形态。为了度量时间的多少、长短，人们根据物质运动的特性把时间分成若干段，这种并非自然规则的、人定的规则需要与具体的、可观察的形象结合，才能够跟四五岁的孩子讲明白。

比如，开饭前，妈妈可以对孩子说："20 分钟后爸爸就回来了，我们就开饭啊。"出发去幼儿园前，妈妈可以跟孩子说："现在是 7 点 20，路上需要 10 分钟，到了幼儿园，可以玩半小时，然后就吃早饭了。"接孩子回来的路上，可以跟孩子说："你们 5 点放学，妈妈提前 10 分钟就到了。"

第 5 章

建构好人格：孩子要成为什么样的人

儿童心理学家皮亚杰说，如果将儿童的心灵植于肥沃的土壤中，他们自己会非常自然地生长起来。幼儿期是人格发展的塑形期。幼儿期形成的个性心理特征和行为活动倾向，常常是一个人个性的核心成分或中坚结构，虽然以后也能对其中一些不良个性特征加以改造，但往往是量的变化，除非客观环境、儿童的亲身经历出现一次次极为严重的转折，否则，已形成的行为个性特征是很难改变的。所以，3—6 岁，妈妈更要重视孩子的人格发展。

通向有追求的未来：建立自信

有的小朋友在幼儿园里总是流露出一副怯怯的样子，干什么都是蔫蔫的。大家一起玩球，有的小朋友生龙活虎地去球筐里选择自己喜欢的球，有的小朋友却从不积极主动，剩什么就玩什么，即使手里的球被别的小朋友抢跑了，也不反抗；绘画课上，老师让小朋友们领一支喜欢的彩笔，有的小朋友说不出自己喜欢什么颜色；玩滑梯的时候，有的小朋友被推了一下，险些摔倒，立马哭了，不敢再玩；老师让小朋友们唱儿歌，有的小朋友明明已经学会了，却不能独自唱出来……在幼儿园里，总会有小朋友不能自在地展示自己，显得很拘谨。

一个在日常活动中躲在他人后面或者用“不想”“不行”“不喜欢”把自己包裹起来的孩子，难以获得好的发展，面对别的越来越强大的小朋友，他也会变得越来越不自信。幼儿阶段，特别是三四岁，自我意识萌发的时期，受自我认识水平的限制，幼儿常常对自己的力量和自己可能达到的水平估量不准，于是对很多事情都表现出有心无力的样子。

还有的孩子在入园前接受的教育缺乏对独立精神的培养，父母包办过多，对父母依赖性强，缺乏自己做主的经历，以至于当孩子一个人面对幼儿园的生活会很不适应，面对各种情况不知道怎么办才好。

即使孩子表现得不够自信，在幼儿阶段，如果父母和老师一起努力，多鼓励孩子，多挖掘孩子身上闪光的地方，在孩子心中就能够形成一个有能力、能做事、敢于挑战自我的形象，很容易就能培养孩子的自信心。

1. 父母多肯定孩子

培养孩子的自信心，妈妈的角色很重要。如果妈妈在家什么都不让孩子摸，什么事情都不让孩子做，孩子做错一点儿事情就大呼小叫、训斥孩子，孩子就如同被捆住了手脚和蠢蠢欲动的心念，什么都不敢做。

妈妈要放手，让孩子多多参与到日常事务中，不管是孩子提出了好的建议，还是帮父母擦了桌子，或者背诵了一首小诗、唱了一首歌，都给予肯定，让孩子感受到自己是被重视的，自己也是有能力的。要知道，孩子的自我肯定就是建立在父母的肯定、赞美的基础上的。

2. 让孩子多体验成功的快乐

成功带来的满足感会让孩子产生积极的自我认识，认识到自己具有某方面的能力，这种成功的累积就是自信的资本，支撑着孩子对自己另眼相看。

所以，妈妈多带孩子参加活动，比如爬山、游泳、滑滑板、赛跑等，孩子坚持下来，就是成功，孩子会因此而感到骄傲。孩子完成什么、学会什么的过程，其实也是一个战胜困难、获得经验的过程。较多的经验必然充盈孩子的认知系统，使得他们拥有更多的经验去面对新的环境、新的问题。更为重要的是，孩子因此也形成了一种积极面对外界事物的行为方式，去接受、去争取、去敞开心扉，而不是退缩、包裹和封闭。

呵护孩子：懂得如何爱

教育孩子，爱的主题不能缺席。从孩子出生起，就该把爱的教育提上日程。对于3岁前的孩子，爱的教育处于感受阶段，孩子感受着父母亲人对他的关爱和照顾，内心无比满足，以更加积极的成长来回报父母的爱。到了3—6岁，此时的他们具有了爱他人的能力，而他们是否能够做出爱的行为，在于他们是否拥有一颗爱他人的心。教孩子表达爱，培养孩子爱他人的能力，是这个阶段教孩子的关键内容。

1. 满足孩子爱的需求

关心和爱护是每个人的基本需求，还没有长大成人的儿童，更需要大人的庇护和关爱。父母既要满足孩子物质方面的需求，也要满足他们精神方面的需求，使得孩子身心健康发展。

父母要特别注意的是，物质上的无限满足和精神上的缺失会导致孩子情感上的荒芜，爱的需求得不到满足，只会在物质上索取，这样的孩子不懂爱，不会爱。所以，父母爱孩子，物质上要适当满足，精神上要充分满足，让孩子内心真正丰盈起来，他们才具备爱他人的能力。

2. 及时纠正孩子的不友好行为

在孩子的日常行为中，会有一些他们自己意识不到的粗暴行为。这时妈妈要及时纠正，引导孩子顾及他人感受。

玩耍的时候，当孩子碰到别的小朋友却没有表达歉意，妈妈要提醒孩子，“你碰到小朋友了”。这样，孩子就会说“对不起”，而不会因为他的无礼影响大家一起玩耍的心情。

当小朋友们一起玩耍，有新的小伙伴要加入进来，孩子的表现并不友好的时候，妈妈要纠正孩子的行为，告诉孩子：“大家都是朋友，一起玩才开心。”

3. 给孩子表达爱的机会

爱他人的体验来自对他人的爱的行为，只有当孩子不断地做出爱的行为后，他们才能真正地体验到快乐，并认识到，爱他人与欺负他人、伤害他人、仇恨他人相比，会让自己更开心。

当孩子不知道怎么表达爱的时候，妈妈可以指引他们。

当妈妈口渴的时候，妈妈可以对孩子说：“宝贝，请帮妈妈把杯子拿过来！”孩子拿过来后，妈妈要说：“谢谢，我喝了水，嗓子舒服多了。”

当孩子吃水果的时候，顺便给妈妈拿了一个，妈妈可以对孩子说：“谢谢宝贝关心妈妈。”

当孩子在外边玩，遇到了流浪猫或流浪狗，把自己的零食给它们吃的时候，妈妈可以说：“看着我家宝贝这么有爱心，妈妈非常欣慰。真是个好孩子！”

妈妈生病了，孩子还要妈妈陪着玩的时候，妈妈可以告诉孩子：“妈妈生病了，身体不舒服。如果宝贝不想一个人玩，就和妈妈一起躺在床上玩吧。”孩子过来后，妈妈可以鼓励孩子：“谢谢宝贝，这么懂事，陪妈妈。”

日常生活中，孩子帮大人扫地、拖地、择菜、收衣服……时，妈妈要欣然接受，然后再感谢孩子。

面对挫折：收获勇敢

行走在人生路上，没有谁没摔过跟头。在成长的过程中，孩子做不好一件事或者做砸一件事，甚至把东西弄坏了，看似是挫折，实则是生命必需的历练，有助于培养他们勇敢的品质。正所谓不经历风雨哪能见彩虹，要孩子见到人生最美丽的风景，就该让孩子拥有抵御挫折的气势和能力。

在3—6岁这个年龄段，孩子的成长带有很强的独立性与自主性。他们在从“不行”到“行”的跨越阶段，能否一往无前地建立勇敢的品质，在于父母对待孩子的态度。

1. 不能否定的成长错

孩子是在不断犯错误的过程中成长起来的。对成长中的孩子来讲，大部分的错误是“成长错”，是因为能力不够或者认识水平不高而导致的错误。

比如，妈妈炒好了菜，盛到盘子里，孩子看到自己喜欢吃的饭菜，就要抢着端到桌子上。妈妈为了锻炼孩子做事的能力，就会给孩子端盘子的机会。由于孩子行动力有限，可能会出现将菜洒了或者盘子摔碎了的情况，这个时候，他们会沮丧，甚至哇哇大哭。

类似的事件对孩子来讲，是个不小的挫折，饭菜洒了、盘子碎了，如果还遭到父母的数落，心理阴影面积一定小不了。

面对孩子因为个人能力不够而搞砸了事情的情况，妈妈要说一句：“可能是地面太滑了，或者你走得太快了，妈妈忘记叮嘱你了。”孩子听了这话，就不会太自责了。接着，妈妈要和孩子一起分析一下，如何做才能安全把盘子端到桌子上呢?

妈妈要告诉孩子，想帮助妈妈端盘子是一件好事，但是要量力而行。如果盘子太重就不要端，让大人端；如果盘子太热，就用抹布垫在下面，或者先放一会儿；如果地面太滑，走路要小心。总之，做之前要考虑清楚。

2. 有的错误必须严肃对待

有时候，孩子所犯的错误需要严肃对待。比如，孩子伤害了自己、孩子对人没有礼貌、孩子妨碍了他人、孩子打人、孩子不尊重他人，等等。凡是影响孩子良好道德品质形成的行为，父母都要纠正。

3—6 岁的孩子虽然具有了一定的是非判断能力，但还不是很强，还是会很任性，有的时候想做什么就做什么，这样的思维方式和行为特点需要改变。妈妈不要担心改变孩子会让他们很痛苦，这样的短痛远远好于不良行为对整个人生的腐蚀造成的长痛。

那些影响孩子成为“好人”、会导致孩子“变坏”的行为，一定要及时纠正，而且要严肃对待。即使孩子因为被妈妈制止、批评而大声反抗甚至大哭大闹，妈妈也要坚持原则，纠正孩子的错误才是妈妈的重要职责。

3. 鼓励孩子去经历

3—6 岁的孩子行动力非常强，当然，也常常犯错，很可能会惹点小麻烦。面对这种情况，即使要帮助他们收拾烂摊子，妈妈也要鼓励孩子去做，而不是亦步亦趋地叮嘱孩子注意这个、小心那个。做，使得孩子双手有事干，大脑不停歇，从而获取经验；鼓励，让孩子内心有力量，从而敢于挑战自我。

不过度满足孩子的需要：懂节约，不浪费

很多家庭对孩子的花费比较宽松，孩子要什么就买，以致出现了家里玩具成堆、衣服和书本多得放不下。至于零食，只要孩子说声“我想吃”，立马就买，当孩子吃不了几口就放下时，父母为了不浪费，只好不断地“捡剩的吃”。

孩子是父母的宝贝，给他们最好的似乎理所当然，但是，父母不要忘了给孩子最好的应该是成长。如何利用孩子的日常消费行为促进孩子的成长，培养孩子节约的品质，妈妈需要花费一些心思。

1. 理性消费

所谓理性消费，指在消费能力允许的条件下，按照追求效用最大化原则进行的消费。消费的结果是获得价廉物美、经久耐用的商品。3—6 岁是各种观念和概念建立的关键期，教会他们理解、践行理性的消费理念，是学会节约的一项重要内容。

3—6 岁的孩子在消费时没有足够的理性，看着喜欢就想买、别的小朋友有就想买、看着新鲜就想买、喜欢就想买……此时，妈妈是教孩子理性消费的最佳人选。

孩子要的东西是否符合家里没有、确实是孩子需要的、家里经济水平能够承受这三个基本的条件，妈妈一定要考虑到。对孩子说清楚不买的原因，然后坚决执行。这样，孩子才能明白非理性消费是妈妈不能接受的，在消费前就要考虑一下这个物品该不该买。

面对孩子的非理性消费需要，妈妈在拒绝的时候，态度一定要坚决，孩子哭闹也不要妥协。每一次成功的拒绝都会帮助孩子形成正确的认识。

在日常的采购行为中，父母一定会有想买什么，但是因为价格太贵而不买的时候，这时向孩子坦露心迹会是一种“润物细无声”的教育。“这件衣服质量很好，款式也很大方，我很喜欢，就是价格有点贵。先不买了吧。”“车能开就可以了，不用买那么高档的，省下钱用在孩子的教育上吧。”

2. 引导孩子善待玩具

善待玩具的内容比较广泛，涉及不乱扔玩具，不玩了就收起来，定期清洗玩具，玩具坏了和大人一起修一修，不摔玩具，不敲打玩具等。

当家里买了新玩具后，妈妈要允许孩子对新玩具爱不释手、睡觉时都要放在枕头边。但是，要陪孩子把暂时不玩的玩具清洗干净收起来。因为，这些暂时不玩的玩具有可能依然是他们的心头好，在某个时刻，他们还有可能找出来玩。

3. 爱惜粮食

生活在大城市里的孩子不懂得粮食的来之不易，更不知道世界上还有很多人吃不饱，所以，父母要以自己的行动践行对粮食的珍惜和爱护。

平日里做好了饭，如果孩子不吃，那就收起来，不要给他们另外再做，或者让孩子吃零食。家里的零食一定要少，孩子胃口有限，食物多了就不知道珍惜了。

从撒谎到不撒谎，需要一个好的教育过程

这是一段母女对话，孩子 4 岁半。

女儿说："妈妈，我想飞到月亮上玩一玩，可以吗？"妈妈说："月亮那么高，你又没有翅膀，飞不上去。"女儿说："我小时候不就飞上去过吗？那里可冷了，到处都是冰块。"妈妈说："那里有企鹅吗？"女儿说："有，我还和帝企鹅一起玩了。我俩手拉手地在雪地里滑冰，它摔倒了，我把它扶起来了。"妈妈说："真是个好孩子，会帮助别人了。"女儿骄傲地抿抿嘴，笑了。

如果妈妈经常和孩子进行这种饶有兴致的对话，不但满足了孩子表达的需要，还使得孩子的思想得以呈现，有利于妈妈了解孩子。从这段对话里，妈妈可以知道，孩子有想去月亮上看看的愿望，但她还分不清现实和想象，容易把想象出来的事情当现实，对世界的了解还很主观。当现实的某个问题出现的时候，他们想象是什么结果就是什么结果，而且会把想象、期待的结果当成现实。

受限于这样的思维状态，孩子可能会想什么就说什么、提出不能实现的要求、不接受现实的行为等。此时，妈妈该怎么办呢？

1. 接受、回应他们的“想象型谎言”

面对孩子的“谎言”“大话”“不现实的说辞”，父母识破后无须纠正。因为总有一天，当孩子对现实的了解足够清晰、拥有足够多的社会经验后，就能自己纠正过来。但是，父母拥有识别孩子“谎言”的能力，不被孩子的“谎言”所蒙蔽，是该有的原则。大部分时候，孩子的“谎言”只是思维的舞蹈。

对于那些明显是孩子想象出来的“想象型谎言”，父母最好给予积极的回应。“想象型谎言”是在孩子的想象中诞生，如果父母给予回应，能促进孩子的想象积极性。想象是对头脑中的表象加工、改造后形成的新形象，孩子不断地进行想象，创造新形象，通过联想得出新结论，这个过程能丰富孩子的大脑表象，提升孩子的思维水平。

2. “逃避型谎言”

晚饭时间到了，妈妈叫牛牛吃饭。牛牛看了看餐桌上的饭菜说：“妈妈，我不饿。”1 小时后，牛牛来找妈妈：“妈妈，我肚子饿了，想吃汉堡。”

早晨，妈妈喊牛牛起床。牛牛说：“妈妈，今天我没劲上幼儿园了。”有时，他也会说：“妈妈，我肚子疼。”

显然，以上都是孩子为了逃避吃饭、入园而随口说的假话，妈妈当然知道孩子说这些话是为了得到他期待的结果。如果让他得逞，结果会激励他们不断地说出类似的谎言。妈妈可以温柔又不带指责地说出事实，让孩子明白撒谎毫无意义。

当孩子因为逃避某件事而撒谎的时候，妈妈一定不要斥责孩子，试着从孩子的角度去想一想，听听他们的诉说。比如，孩子因为不喜欢饭菜而说不饿的时候，妈妈如果斥责孩子挑食，孩子会这样对妈妈说："你们大人想吃什么就买什么，我想吃的你们从来不买。"受此启发，妈妈是否觉得自己该多尊重孩子的意见，多考虑孩子的感受，避免孩子因为逃避大人的安排而撒谎。

除此以外，妈妈还要注意，不要因此就认定孩子爱撒谎。在孩子的判断力还没有形成的时候，他们不知道这么说是不良的行为，与品德无关。

3. 未雨绸缪：撒谎不是好孩子

有很多关于撒谎的故事，家长可以不做评价地给孩子读一读，让孩子听一听、看一看，和孩子讨论讨论，"撒谎不是好行为"的价值观就会在他们心中萌芽。

如果有一天，妈妈答应了孩子某件事情，之后又实现不了，孩子说："妈妈，你撒谎，骗人。"那么，妈妈就要好好地跟孩子解释一下，不是妈妈撒谎，是情况变了。为了表达自己的诚意，妈妈可以向孩子表达一下自己的歉意，补偿孩子。

除了用他人的故事警示孩子外，妈妈还要关注孩子的行为，及时发现孩子的谎言并予以纠正，让孩子尽早明白不可以撒谎的道理。

妈妈是孩子的榜样，在和孩子日常的相处中，答应孩子的事情就不要反悔，更不要顺口承诺过后就忘了。妈妈慎重承诺，言出必行，不签空头支票，孩子自然不会信口开河。

男孩和女孩不一样：性别角色

孩子小的时候，男孩和女孩的差异似乎不是很大，3 岁以后，男孩和女孩的性别差异就会变得越来越明显。这样的差异不仅仅通过男孩和女孩外化的行为特点体现出来，还有着生物学上的研究。比如，研究发现，到了 5 岁，女孩的大脑比男孩大 10% 左右。女孩的胼胝体比较大，能更好地调节两个脑半球，这有助于解释为什么女孩在语言能力上有优势。

男孩与女孩的不同，不仅仅表现在生理方面，还表现在心理方面。毕竟，生理上的发育特点会影响心理上的成长与发展。3—6 岁，孩子对性别有强烈的好奇心，处于不断的探索阶段，妈妈要配合他们的认知需要，给以合理的引导。

1. 促进孩子对自身性别的认知

孩子入园以后，他们对自己的性别有了一定的认识，知道自己是男孩还是女孩。关于男孩和女孩在第一性征上的不同，此时，他们会好奇，而且会探索，但是要真正搞清楚，还需要一定的时间，有的孩子可能在经历了青春期的性教育后才明白男孩与女孩的真正区别。不过，即使幼儿在对性别的探索过程中，没有搞明白第一性征对一个人来讲真正的意义所在，也不妨碍他们的性别角色的确立。因为他们已经清楚地知道自己是男孩还是女孩。

3岁以后，孩子的性别差异越来越明显。而且，他们能够意识到男生和女生在性别、行为上存在差异。和孩子在一起的时候，如果是男孩，妈妈可以说一句："这小伙子，跑起来好帅！""我儿子都长成大男生了。""走过去，勇敢点，小男子汉。"通过日常的沟通赋予孩子一些该有的性别特点，也是帮助孩子建立性别认同的好方法。

即使有的妈妈还期待有一个不同性别的孩子，也不要在孩子面前表现出来。因为遵从父母的期望是儿童遵循社会标准行为的第一步，父母表达出对身边孩子的性别特征的接纳和喜欢，孩子才能很好地建立性别认同。

2. 接受孩子关于性的探索性语言

某一天，幼儿会说："男生的小鸡鸡长在前面，女生的小鸡鸡长在后面。"对于这样的话语，妈妈听到了就听到了，无须重复或者纠正，即使想笑也要控制住，孩子这么认为就这么认为吧。

"妈妈，你是女人，爸爸是男人，我想让爸爸也变成女人。这样，爸爸就不会吼我了。"虽然孩子的想法很滑稽，但是代表了他们对父母良好的教育态度的期待，大人应该领会孩子的诉求。

3岁孩子已经知道自己的性别，但对一个人的性别会不会起变化可能还不太清楚，或者不能坚决地确定。如果此时妈妈问儿子："宝贝，把头发留长，扎个小辫子吧？”他的回答可能是：“我是男生，男生留短发。女生才扎辫子呢。”也不代表这个孩子就真的明白了性别的不可变性。

要孩子完全确定同一个人的性别不会因为衣服的改变、年龄的变化而发生变化，需要到 7 岁左右。所以，心理学家认为，3—7 岁，甚至更晚的时候，是儿童发展性别恒常性的阶段。

当儿童确定自己是男生或女生以后，他们开始表现出对与性别相关的行为的自我调节。这表明他们已经建立了性别同一性，内化了性别角色，在此基础上，他们开始塑造性别角色了。

3. 支持孩子的交友倾向

在交友方面，4 岁前的儿童，无论是与同性玩还是与异性玩，都十分融洽，都能玩到一起。4 岁之后，就不一样了。男孩和女孩一起玩耍、做游戏的内容开始分化——男孩跑起来像风一样快，喜欢摆弄车啊、枪啊等玩具，女孩则是围在一起做游戏。到了 5 岁，这种情况就更加明显了。妈妈稍加留意就会发现，女孩有自己的小闺密了，男孩在外面玩的话会奔向男生群体。

孩子和同性的小伙伴一起玩，也是性别认同发展的需要，他们从同性小伙伴身上学习行为特点，丰富自己的行为模式，使得自己更加具有同性的特征。

关注孩子的羞愧感，做好道德教育

当孩子做了妈妈曾禁止过的事情后，他会感到不好意思，问妈妈：“妈妈，你会原谅我吗？”这个时候，妈妈赶紧说：“妈妈原谅你了，下次不要这样做了啊！”

当孩子因为做了不合他心中规则的事情的时候，他就会害羞，觉得自己不该这样，会因为给别人带来了麻烦而心怀歉意。孩子怎么就有了羞愧感呢？羞愧感是怎么产生的呢？

羞愧是当一个人做错了事，并在对此加以解释时强调自身整体的、稳定的不足时感受到的情绪。羞愧是因儿童对事件的理解产生的。儿童要产生羞愧感，需要他们有自我意识并且能够针对标准对照他们自身的行为，当儿童达不到这条标准的时候，就会感到羞愧。

羞愧是一种自我意识情绪，反映的是内在自我评价的情绪。当个体把自己的情绪体验与他人联系起来后，产生了不好的感觉，意味着个体可能做了一些不好的事情。孩子眼里的这些错事、不好的事情一定是不被大家喜欢、妨碍了他人的正常生活、给他人带来痛苦的事情，这些事情一定是“非道德的”“不符合社会规范的”“不受欢迎的”。虽然孩子的概念体系里还没有“道德”这个词语，但是，当他们有了羞愧感后，足以说明他们开始有了对道德内涵的关注和把握。

孩子不是一出生就有羞愧感。从自我发展的角度看，孩子需要有自我意识，而且内化了一些标准、规则和目标，并拿这些标准去评价自己的行为。当自己的行为违背了道德的某些标准、规则、目标时，孩子就会产生羞愧感。

1. 培养孩子的道德感

道德感是人依据一定的道德需要和规范，评价自己和他人的言行时，所产生的内心体验。当孩子做了某件事情，会对自己做的事情有一个评价，如果评价是正向的、积极的，对他人有利的，心中就有了“伟大”的感觉。有的时候，孩子会拿起拖布拖地，拖完了，问妈妈：“妈妈，干净吗？”妈妈说：“非常干净，谢谢儿子。”孩子问：“我好吗？”妈妈说：“好啊，你是个勤快的好儿子。”孩子问：“妈妈，你感动吗？”妈妈说：“当然感动，我儿子这么懂事，能帮妈妈拖地了，我感动极了。”

在这样对话的过程中，孩子能够体验到道德感，让自己内心舒服，以后他们就会多做这样的事。久而久之，孩子内心的价值体系就建立起来了。什么是道德的，什么是不道德的，就能分清了。

2. 与孩子共情，避免形成羞愧倾向性个体

心理学研究显示，一个人个性上的羞愧倾向和内疚倾向与他的社会互

动方式有着不同的联系。羞愧倾向的人相比内疚倾向的人有更多的人际关系问题，他们体验到的更多的是愤怒和社会性焦虑，更少体验到共情。

当一个人感到羞愧的时候，会出现双眼下垂、弯腰驼背的情况，可能会嘴角朝下，看上去更像是悲伤。当妈妈在生活中发现孩子有了羞愧的倾向时，可以去考察孩子的社会交往。如果发现孩子在幼儿园不受欢迎，跟小朋友玩不到一起，那么，就该为孩子创造交往机会，提高孩子的交往技能，使得他形成积极的自我意识。

当孩子做错了事情，或者因为某件事情不开心的时候，妈妈多站到孩子的角度去思考，与孩子共情，让孩子感受到自己是被理解、被重视的。这样，他才有更大的勇气面对错误，而不是自暴自弃。

当孩子并不是人群里的活跃个体，甚至比较蔫儿的时候，如果孩子的某些表现不当，妈妈一定不要当着外人的面指出来，更不能训斥孩子，以免他因愤怒而产生较多的社会性焦虑，更加不知所措。

第 6 章

学会处理人际关系：做个受欢迎的孩子

孩子的很多能力以及性格特征需要在群体生活中发展起来，比如，协调能力、沟通能力、理解和接纳他人的能力，以及宽容、大度、合作、助人等品质。对3—6岁这个年龄段的孩子来讲，集体生活除了能够发展他们的社会性品质外，还能帮助他们“去自我中心”，对未来的社会交往能力和身心健康都有重要意义。

你家宝贝是“受欢迎型幼儿”吗

去幼儿园接孩子的时候，家长们常常会听到有的小朋友被大家喊来喊去，大人问起，还不忘开心地说一句：“这是我们班的小朋友。”回到家后也常常把这个小朋友的名字挂在嘴边。的确，有的小朋友就是这么受大家喜欢。

而有的小朋友则不受大家喜欢。其他小朋友对他的评价是：“不会唱也不会跳，就会打人。”“拿着鞋子满房间扔着玩。”“又把别的小朋友挠哭了。”

父母都希望自己的孩子受别的小朋友喜欢。那么，大家更喜欢什么样的孩子呢？

在心理学研究中，关于幼儿同伴关系的分类，最为常见的是按照幼儿不同交往类型的心理特征，把幼儿归为以下五类。

1. 受欢迎型幼儿

这类幼儿喜欢与人交往，而且善于与人交往。他们情绪稳定，反应敏捷，活动的强度和速度适中，他们很友好，也很大度，所以，受到大多数同伴的喜欢。

2. 被拒绝型幼儿

这类幼儿喜欢与人交往，却不会交往。他们情绪不稳定，爱冲动，活动强度大、速度快，比较外向，注意力易分散，坚持性差。在交往活动中容易出现抢玩具、随意改变游戏规则、推打小朋友等行为。

3. 被忽视型幼儿

这类幼儿不太喜欢与人交往，在交往中出现退缩或者畏缩行为，较少表现出主动、友好的行为，也较少表现出不友好或者攻击性行为。他们常常独处或者独自玩耍。没什么人喜欢他们，也没什么人讨厌他们。

4. 矛盾型幼儿

这类幼儿有时愿意与人交往，有时不愿意交往。有同伴喜欢他们，愿意与他们交往，也有同伴不喜欢他们，不愿意与他们交往。他们可能是一个团队里的权威，也可能被另一个团队排斥。

5. 一般型幼儿

这类幼儿在与人交往的过程中，不是特别受人喜欢，也不是特别让人讨厌，大部分活动都能参与进去，但是表现并不是很突出。可以说，这类幼儿是人群里“不显山不露水”的一类。

可以看出，不同孩子的不同性格特征影响了他们在群体中的受欢迎程度。较之于不受欢迎的孩子，受欢迎的孩子在成长过程中获得的人脉资源会更广阔，他们的成长机会更丰富。

举个例子：户外活动时，一个小朋友发现了一只毛毛虫，他在观察毛毛虫的过程中，又过来很多小朋友，大家一起看毛毛虫怎么爬，看它有多少只脚，毛毛虫会爬向哪里。其间，孩子们有分歧、有争执。这样一个快乐玩耍的过程，促进了孩子的观察力、语言表达能力、理解能力、思维能力、沟通能力等的发展，满足了孩子要与同伴群体交往的需要。

若有一两个孩子被排除在外，就无法从这个过程中获得玩耍的快乐。小朋友之间越是在一起玩越能了解彼此的脾气、秉性、兴趣、爱好，越能创造一起玩的机会，成长越迅速。当孩子极少跟小朋友一起玩，时间久了，就不知道怎么玩了，就被排斥在群体之外。

孩子的很多性格特征需要在群体生活中发展起来，比如，宽容、大度、合作、助人等。对 3—6 岁这个年龄段的孩子来讲，集体生活除了能够发展他们的社会性品质外，还能帮助他们“去自我中心”，提升孩子理解和接纳他人的能力。

幼儿阶段后期形成的个性心理特征和行为活动倾向，常常是一个人个性的核心成分或中坚结构。虽然以后也能对孩子身上的一些不良个性特征加以改造，但往往是量的变化。除非客观环境、儿童的亲身经历出现一次次极为严重的转折，否则，已经形成的行为个性特征是很难改变的。

所以，幼儿阶段，妈妈要多关注孩子与小伙伴在一起的表现，鼓励他走进小伙伴群体，一起玩耍。

孩子入园后，妈妈最在意的事情就是孩子是否适应幼儿园生活。对刚入园的孩子来讲，他们是否适应幼儿园生活，是一件可以天天观察，却不可以草率下论断的事情。毕竟，孩子处于不断的适应过程中，还常常有情绪化的表现，妈妈需要以发展的眼光分析常态的表现，才能做出准确的判断。

妈妈心中一定有一个孩子在幼儿园里的理想状态，概括地说，就是饮食正常，身体健康，善于学习，具有较强的自理能力，主动、快乐，能够和小朋友友好相处，可以和不同的小朋友合作玩游戏。

孩子刚入园的时候，可能做不到这样，要达到这个状态，需要一定的时间。所以，妈妈要多观察孩子，多方获取信息，促进孩子尽快适应幼儿园生活。

1. 和师生的相处情况

在幼儿园里，老师说了什么，孩子就按老师的意思做，这是能够听懂、回应指令的表现。这样的孩子往往深得老师的喜爱。当然，有的时候，孩子不能按老师的意思做，也不是没听懂，而是自我控制力有限，管不住自己。比如，午睡的时候，老师不让说话，可还是有小朋友说话。这种情况下，就得专门给孩子讲讲，让他懂得自己应该怎么做。

有的小朋友与他人沟通的时候，不是用语言表达，而是动手拍打对方。这样的孩子需要尽快学会如何与人交往。否则，别的小朋友可能都不会愿意和他玩，孤单的感觉会增强他的入园焦虑。

2. 帮助孩子做个好孩子

有的孩子学什么都很快，老师教一首儿歌，领喝几遍后，就记住了。

老师教的内容，有的孩子怎么也记不住，可以说，儿歌不行、跳舞不行、还捣乱，这种情况表明孩子没有适应园内生活。

有的妈妈认为老师教的内容孩子会不会没关系，反正入园是为了培养良好的行为习惯，对学习内容期待不高。实际上，幼儿的自我评价能力已经发展起来了，他们更喜欢能唱会跳、遵守纪律、不捣乱、听老师话、懂事、经常被老师夸奖的孩子。如果孩子觉得自己各方面做得都不好，会产生自卑情绪，不利于他们发展自尊。

进入同伴群体，发展美好友谊

同伴关系指年龄相同或相近的儿童在共同的活动中建立的人际交往关系，主要包括同伴群体和友谊。

1. 支持孩子进入同伴群体

一直以来，征征都是“独行侠”。妈妈把他带到小伙伴群体中，引导他把玩具借给小朋友玩，征征却大声说：“不行。”他好像一点儿都不在乎自己是不是受小朋友喜欢。他拿着小汽车，嘴里“嘟嘟嘟”地推着往前走，自己一个人玩得不亦乐乎。

快 4 岁的时候，征征变了。他特别想跟小朋友一起玩。哪里有小朋友就往哪里跑，遇到不熟悉的小朋友在一起玩，他加入不进去，会说：“没有小朋友跟我玩。”妈妈给征征想了一个办法：傍晚的时候，用袋子装上一些玩具，拿到有很多小朋友聚集的广场，和小朋友一起玩。

起初，征征把玩具拿出来后，没几分钟就开始找理由把玩具收回来，如“我要回家了”“这个一点都不好玩，你别玩了”“你不能用这么大力气推，轱辘会掉的”。在妈妈三番五次的劝说和鼓励下，征征也坚持不到半个小时。

之后，妈妈每天都带征征出去玩，带上玩具，骑着自行车或者滑着滑板车。渐渐地，征征加入到小朋友群体中，而且能够自如地跟小朋友交流、做游戏，也能大大方方地把玩具给小朋友玩。如果有哪一天妈妈不带征征出去玩，他会非常不开心。他说：“家里都是大人，没有一个小朋友，没意思。我要出去跟小朋友玩。”

当孩子有跟小伙伴一起玩的意愿的时候，妈妈绝不可以置若罔闻。孩子的心声是服务于他们的成长需要的，无视孩子的期待，就会耽误孩子的成长与发展。

与小朋友一起玩是孩子的天性，他们在玩耍的过程中发展智力、学习与他人合作、了解他人的行为习惯、知悉他人的性格特点。可以说，玩耍是促进孩子社会化的主要形式，没有和小朋友的玩耍、游戏，孩子就不能健康地成长。

人际交往是每个人都无法回避的生活内容。人一旦失群或者不能进入群体中，就会因为丧失存在感和价值感而陷入无助与痛苦的感觉中。所以，当孩子想和小朋友一起玩的时候，妈妈要给予支持。

在三四岁的时候，孩子需要经历一个从独自玩耍到与小朋友一起玩耍的跨越阶段。如果孩子没有固定的玩伴，那么，孩子的不适应性会更强烈。比如，不敢走进小朋友群体，不把自己的玩具给别的小朋友玩，发生争执后不敢据理力争，等等。

这个时候，孩子特别需要妈妈的支持。妈妈的支持不仅表现在陪伴孩子走进小朋友中间一起玩，还包括做好孩子的思想工作。比如，孩子跟小朋友吵架了，要细心化解，当时就让他们和好；小朋友抢了孩子的玩具，鼓励孩子拿回来，然后给对方玩一玩；在家的时候，告诉孩子他表现好的地方，小朋友有多么喜欢他；小朋友之间流行的玩具，给孩子也买一件，这样有共同的话题，孩子更容易玩到一起。总之，妈妈的支持对孩子有很大的推动作用，让他有勇气去和大家一起玩。

2. 支持孩子发展友谊

孩子上幼儿园以后，妈妈会很关注一件事，就是孩子在幼儿园里是否玩得好。问得多了，妈妈会发现，其实孩子在玩耍的时候会选择小朋友，有经常一起玩的玩伴。有的小朋友甚至还会把玩伴的名字挂在嘴边，在家里描述这个小朋友的行为。

友谊是人与人之间的一种亲密的心理关系。每个人都有克服孤独、与他人建立和维持亲密关系的情感需求，友谊就是人与人之间对这种情感意愿的合理表达与诉求形式。

相对稳定、彼此欣赏的友谊关系大概在小学五年级以后才能发展起来。3—6 岁幼儿的友谊多半建立在地理位置接近、有共同兴趣和喜爱的活动以及拥有有趣的玩具的基础上，这种模式要持续到小学一二年级。

幼儿间的友谊还不是以相互信任为基础的长久关系。玩得开心的时候，他们会说：“你是我最好的朋友。”玩得不开心的时候，他们会说：“你不是我的朋友。”但是，如果有一天不见面，彼此又会想念对方，到一起就能亲热地玩起来。有了新玩具，孩子会问妈妈，他的朋友某某会喜欢这个玩具吗？会想玩吗?

妈妈会发现，小孩子吵架了、发生争执了，过了一会儿就没事了。第二天见面，孩子们仍然能够玩到一起。为什么会这样呢？因为建立在玩耍、游戏基础上的友谊不涉及共同的价值观、准则以及兴趣爱好，而幼儿阶段的兴趣爱好是以玩到一起为导向的，有矛盾也不“伤根”。

依恋幼儿园：不仅仅是爱和依附

牛牛生病了，在家里休息了两周后才去幼儿园。到幼儿园后，老师反馈了一个很重要的信息——牛牛分别问了三位老师："老师，我没来的时候，您想我了吗？"早晨入园时，他问了第一位老师；午睡后老师帮他穿衣服，他问了第二位老师；老师带他们一起户外活动的时候，他问了第三位老师。老师们都问了相同的问题："你想老师了吗？"牛牛点点头，说："想了，还想小朋友了，想这里的玩具了。"说这话的时候，牛牛眼里还噙着眼泪。

如果孩子在幼儿园期间能够对老师、同学、幼儿园形成依恋之情，并能够自然地表达出来，那么，这个孩子的幼儿园生活一定过得很快乐。这是因为孩子在3岁前的生活中拥有了较强的安全感，奠定了良好的性格发展基石，对环境的适应能力很强。

依恋是一个人对最亲近的人建立的一种强烈而深厚的情感联系。亲子依恋一般指的是孩子和妈妈的依恋关系，一般在 3 岁前形成，1 岁前最为关键。亲子依恋是孩子在与抚养者的相互作用过程中建立起来的，是一种情感上的联结和纽带，主要表现为孩子对抚养者的一种追随、依附的亲密行为，以及由此带来的归属感和安全感。当亲子依恋建立起来后，孩子自我感觉是被环境接纳的，他会以友好的态度对待周围环境，甚至会为建立美好的环境、氛围而发挥自己的力量。

对人类来讲，依恋关系并不局限于某个阶段，而是几乎贯穿于个体发展的整个过程。孩子上幼儿园后，有相当长的一段时间，会表现出和妈妈的分离焦虑，哭闹着不愿意去幼儿园，这是亲子依恋导致的。但是，因为拥有亲子依恋带给孩子的强大心理能量，这种分离焦虑指向的是适应，而不是伤害。当孩子适应幼儿园生活后，他们会亲近每天陪着他们的老师。如果这位老师因为家里有事请假不能来园，孩子在幼儿园里的情绪会明显不安，第二天入园会出现哭闹、不愿意去的情况。

即使孩子对幼儿园老师的依恋不会达到亲子依恋的程度，孩子也需要从老师身上找到爱和依附，使得自己建立起这样一种认识："现在妈妈在家里，即使妈妈不在身边，妈妈依然很爱我。在幼儿园老师会爱我、照顾我，放学了，我就回家享受妈妈的关爱。"

1. 三四岁孩子寻求依附和好感

对于刚上幼儿园小班的孩子来讲，哪位老师给了孩子特别周到的贴心照顾，开始陪伴的时间最早、陪伴的时间最久，孩子就会依恋哪位老师。想念妈妈的时候，他们会跟老师说："老师，我又想妈妈了。"孩子得到老师的安慰后，可能会黏着老师，老师去哪里孩子就跟着去哪里，玩耍的时候喜欢距离老师近一些。

有的孩子会有一种想亲近老师，又有点恐惧的感觉。这个时候，有经验的老师会更在意孩子的感受，主动跟孩子接触，陪着孩子、拉拉孩子的手。孩子可能会去和老师套近乎、冲着老师笑、拉拉老师的手等。老师以欣赏的态度回应，孩子更开心。

2. 四五岁孩子寻求被关注和赏识

四五岁的孩子一般在幼儿园读中班。此时，随着自我意识的发展，孩子开始关注自我，并寻求老师的认可。这一阶段，孩子的自我关注比较表象化，涉及外在形象、外在的行为表现等。

比如，孩子穿了双他自己感觉很舒服的新鞋去幼儿园，会把脚伸过去，让老师看看。他拼出了一个大大的积木房子，会拉着老师的手让老师过来欣赏。如果老师没有鼓励他，孩子自己会问："这个房子是不是很牛啊？"

如果哪个孩子被关注得较少，他们可能会做出一些让老师惊讶的事情或者淘气的事情引发老师的关注。被冷落的孩子更喜欢"打小报告"，当被某个小朋友侵扰了或者某个小朋友违规了，他们会过来找老师"打小报告"。所以，对于好打小报告的孩子，不管是老师还是妈妈都要关注孩子的行为，当他做了值得表扬的事，就要及时给予赞赏和鼓励，让他们获得被肯定的满足感，从而满足自尊发展的需要。

3. 五六岁孩子寻求信任和尊重

五六岁的孩子一般在读幼儿园大班。此时，他们的自理能力、思维能力以及是非判断力等都进入前所未有的较高水平，这使得他们对心理过程的察觉能力有了提升。他们对老师的依恋也进入心理层面，开始表现出对老师的信服与敬畏，愿意听老师的话、完成老师布置的任务。孩子懂事了，也需要老师或者妈妈对孩子表现出更多的信任和尊重。

这个年龄段的孩子能够快速领会老师的引导，并按照老师期待的目标行动，还能主动关心别人。当老师沉默的时候，他们会问老师："老师，你怎么不开心了？"这个时候，老师可以这样回应孩子："我妈妈生病了，我有点担心，谢谢你的关心啊！"在家里，如果妈妈摔倒了，只要妈妈说一句："我腿好疼，走不了了。"孩子会立马过来，说："妈妈，来，我扶着你走。"这个时候，妈妈要这样回应孩子："谢谢宝贝理解妈妈不舒服，来帮助妈妈。"

告诉孩子：多沟通、少动手，朋友多

佳佳是幼儿园中班的孩子。在幼儿园里，佳佳像永远听不到老师的指令一样。老师让大家站队，不要说话，她还拽着小朋友的衣服一直说。老师教孩子们儿歌，领唱了几遍以后，请小朋友单独唱一唱，很多小朋友完成得很好，只有佳佳唱不出来。老师说，佳佳的语言表达能力很差，不但不能完整地说明白一件事，有时，老师跟她说一些事情，说过了跟没说一样，让她复述一遍，她都复述不出来。老师把佳佳的情况反馈给她妈妈后，了解到佳佳妈妈平时很忙，都是奶奶照顾她，奶奶很少跟佳佳说话，只是陪着她玩。这下，老师明白了。原来，佳佳在语言学习的关键期没有受到足够的语言刺激，以致“脑子里没有语言材料”，限制了语言的加工。

当一个孩子连最基本的“听别人说”都做不到的时候，发展他的倾听能力、表达能力，就是迫在眉睫的事情。

孩子倾听能力的培养，是一件非常容易被忽略而又极其重要的事。在大人看来，孩子会说话，说明听力没问题，这就可以了。于是，他们把心思花费在了教孩子“说”上，而对“听”这方面放松了培养。

其实，倾听在孩子成长过程中非常重要。倾听体现了孩子在与人交流过程中的态度，体现了他们是否懂礼貌、是否尊重别人。倾听是锻炼孩子思维的有效方式，一个积极倾听的孩子，一定拥有一颗对世界充满好奇、对生活无限关注、对交往拥有热情的成长心。倾听与应答紧密相连，孩子不会倾听，就无法应答，不应答自然难以与人沟通。

所以，关注和培养孩子的倾听能力，不是一件可有可无的小事，而是与成长紧密相关的大事。

1. 告诉孩子基本的沟通规则

与人沟通的时候，要有基本的礼貌，比如，吐字清楚，及时应答，不插话、不抢话，不着急，不发脾气等。内容很多，只靠同孩子讲条款难以落实，但是，当孩子做得不够好的时候及时纠正，告诉孩子正确的做法，会很有效果。

与人沟通的时候，孩子可能连头都不抬。这个时候，妈妈要告诉孩子，眼睛要看着对方，心思放在对方说什么上，并及时做出回应。有的时候，孩子说话会晃动身体，妈妈要私下告诉孩子，与人说话的时候身体要站直，不要有小动作。

孩子玩耍的时候，如果有人打招呼，他们可能顾不上，也就不愿意答应了。妈妈要告诉孩子，再忙遇到有人打招呼，也要快速应答，这是基本的礼貌。

当孩子在与人沟通的过程中有良好表现的时候，妈妈要及时地给予鼓励，让孩子明白好的表现是会为自己的形象加分的，会帮助自己成为一个好孩子。孩子理解了这样的因果关系，为了得到好的结果，他们会用好的表现追求好的“因”。

2. 让孩子多动脑、动嘴

语言是人与人沟通的工具。一个人是否拥有良好的语言沟通能力，既需要从现实生活中学习，也需要放到现实生活中去检验。最基本的一点是，看他们能不能听懂别人说的话，然后给予恰当的应答。

举个例子：妈妈对孩子说：“宝宝，你昨天跟爸爸出去都买什么了？”孩子答不上来。为什么答不上来呢？因为不知道买的东西叫什么。一般情况下，孩子买东西的时候要了解所买的东西是什么、怎么用，这是一个自然而然的认知过程。

日常生活中，该孩子自己完成的事，就让他们自己来，但允许他们做不好或者不懂的地方来问妈妈。孩子问，妈妈回答，孩子听到了再接着做，在这个过程中涉及听、理解、记忆、运用等思维方式，有助于孩子学会生活技能。

3. 从语言美开始，培养孩子讲礼貌

懂礼貌的孩子在与他人交往的时候，能让对方感受到被尊重。日常生活中，父母多教孩子礼仪规范，比如，见人打招呼、不说脏话、不以蛮横的态度对待他人、不提无礼的要求、不对他人评头论足、不背后议论他人的缺点等。

语言的学习是从听开始的，孩子听到什么，记忆里就储存什么，等他

们开口说话以后，他们就表达出相应的内容。所以，妈妈要多说文明的语言、科学的语言、动听的语言。妈妈给孩子选择动画片的时候，也要选择语言优美的那一类，让孩子耳朵里流动的是春风般的礼貌话语。这样，孩子说出的话也会是温暖怡人的。

好父亲是榜样

历经几年以妈妈为主的教养时光后，很多妈妈累并快乐着，很享受带孩子的幸福，孩子也很黏妈妈，视妈妈为世上最亲的人。但是，到了四五岁以后，妈妈会发现孩子开始黏爸爸了，为什么呢？这是受孩子自身社会性发展的驱动，他们开始把兴趣转向外部。如果在 3 岁前，孩子基本跟妈妈在一起，那么，3—6 岁这个阶段，千万不要忽视爸爸的作用。孩子在知识上的涉猎范围更广、在运动方面玩得更富有男性特征，妈妈一个人已经忙不过来，或者妈妈根本不具备满足孩子需要的特质，孩子感受到了，所以，他们喜欢跟爸爸一起出去玩。

当然，也会有一些妈妈渴望在育儿路上能够和老公相伴相依，可惜，她们的老公要么因为太忙，要么因为太懒而不管孩子。

为了避免爸爸在教育中的缺失，妈妈要多给爸爸创造和孩子在一起的时间。

1. 让爸爸送孩子去幼儿园

有时候，妈妈没有时间送孩子去幼儿园，就得爸爸送。这个时候，孩子会强烈要求妈妈送，否则就大哭大闹。

这样的情况多发生在刚入园不久的孩子身上，大一点儿的孩子们则是谁送都可以，一副无所谓的态度。有的妈妈很实诚，孩子让自己送，当然要满足孩子的需要。于是，不管自己的事情多么紧迫，都委屈自己成全孩子。到了幼儿园，妈妈才知道，孩子又得哭闹，还需要一些耐心来平复孩子的心情。相反，如果换成爸爸去送孩子，孩子反倒不哭不闹，跟爸爸挥手再见后便利利落落地进了幼儿园。

所以，妈妈不妨让爸爸多送孩子去幼儿园。爸爸送孩子去幼儿园，不仅可以减少孩子因为离别而哭泣，还会给爸爸创造表达父爱的机会。

上幼儿园是孩子走向独立的一个重要机会，这个时候让爸爸带孩子去幼儿园，一方面激发了孩子的独立欲望，另一方面弱化了妈妈对孩子的情感牵绊，有利于孩子的心理独立。

2. 爸爸多陪孩子玩，孩子更放得开

3 岁以后，孩子的自我意识已经建立，成长进入到一个更具有独特个性的自我阶段，孩子需要更多的机会去探索、发现自己的兴趣、爱好、能力，而爸爸比妈妈更能够放手让孩子去行动。

有的妈妈给爸爸带孩子的机会比较少，原因在于担心爸爸太粗心，会委屈了孩子。

爸爸带女儿去外地玩，妈妈收拾好行李，另外还整理了几件女儿穿小

了的旧衣服，让爸爸带给同行的同学的孩子。两天后，妈妈看到朋友圈照片里站在高处拉着爸爸手的女儿，只见女儿穿着短了一截的裤子、露着脚踝在风中比“V”呢。再仔细一看，闺女一身穿的都是小了一号的要送人的衣服。妈妈千叮咛万嘱咐的话，爸爸一句没听进去。这么粗心的爸爸还不得把女儿丢了啊？妈妈不由得一阵担心。七天后，女儿平安回来。妈妈问：“这几天有没有觉得冷？”女儿说：“不冷啊，爸爸每天给我穿的衣服正合适，不冷不热，还给我扎小辫子。下次，我还要跟爸爸出去旅游！”

看来，爸爸虽然有一些粗心大意，但是丝毫不影响他们给孩子带来快乐的能力。

爸爸在孩子成长的过程中扮演着重要的角色，他们是男孩学习男子汉气质的楷模，是女孩形成女性气质的导引者、支持者和认可者，对儿童性别角色的分化也具有很大作用。至于他们能否照顾好孩子，只要给他们机会，就不会差。在爱孩子方面，爸爸并不比妈妈差，只是他们爱得更深沉一些。

第 7 章

全面发展：拓宽孩子的行为版图

家有 3—6 岁孩子的父母都该有一种“全人”养育的指导思想。“全人”发展观是个很有概括力的说法，意思是，从出生起，孩子通过感觉系统不断地从环境中汲取信息，在整个生命历程中反复地建立、积累各种经验，从而达到身体、动作、情绪、社会、语言、智力的综合协调发展，以建构一个“全人”。所谓“全人”，并非是“完人”，而是一个各方面发展良好的人。那么，3—6 岁这个年龄段，妈妈如何做，才能促进孩子各方面的协调发展呢？

树立“全人”发展观，重视全面发展

在幼儿教育领域，有一个观点，叫作“全人”发展观，宗旨是促进人的全面发展，达到身心和谐。这是一个符合成长需要，而又容易被理解的教育理论。

所谓“全人”，其实是一个发展中的人，一个全面发展的人。对于幼儿来讲是这样，甚至对一个成年人来讲也是这样。妈妈正确理解“全人”的观点，有利于她们在教养孩子的过程中坚持正确的教养方向，采取正确的教养方法，避免盯着孩子“改错”。

1. 妈妈要摆正自己的位置

在孩子成长的过程中，妈妈要摆正自己的位置。妈妈自始至终都处于帮助者的位置，在孩子需要的时候，给予帮助。这种帮助是无私的，是不奢望孩子回报的高境界，而且孩子年龄越小，帮助的内容越具象，对孩子的影响越大。随着孩子不断长大，他们对妈妈的需要越来越小，甚至会拒绝妈妈的帮助，到了青春期，还会违逆妈妈的意愿，甚至跟妈妈对着干。此时，妈妈应摆正自己的位置，不跟孩子较劲，站到局外人的立场去了解孩子，接受孩子的变化。

所以，从做父母的那一天起，就摆正自己的位置，你还是你，没有因为有了孩子而成了孩子的附庸或者掌控者。教育好孩子是自己的责任，不管在教育孩子的过程中有多么用心，不管把孩子教育得多好，孩子都是他自己，你也还是你。

2. 重视孩子的自我引领

在成长的过程中，孩子才是自己行动的引领者。孩子一边成长一边寻找，在成长的过程中不断发现自己的兴趣、爱好，知悉自己的特长，从而确定未来的发展方向。父母从旁协助，避免孩子被不良环境引导而走上错路、邪路。如果父母教养有方，跟孩子关系好，等孩子确定了人生目标，父母就是站在旁边鼓掌的人，他们会觉得孩子不但很好地成了他自己，也做出了最适合他自己的选择，孩子会觉得父母就是自己成长路上的贵人，是坚定的支持者。

孩子的内在需求是什么？就是不断进步、不断发展、不断成长，直到他们充分了解自己以后，就朝着自己认定的目标前进。在这个过程中，父母作为孩子的养育者，要了解孩子的需要，知道不同年龄段孩子的成长任务，从而为孩子提供良好的成长环境，使得孩子能够发展潜能、拥有健全人格。

3. 不求孩子做个“完人”

世上没有完人，每个人身上都存在着这样那样的不足。如果父母以

“完人”的标准要求成长中的孩子，只会非常失望。当父母睁大眼睛在孩子身上寻找不足的时候，就会对孩子的优点视而不见，于是，教育就变成了父母纠错孩子改错的游戏。当有的孩子成长为一个独特的自己的时候，被纠错的孩子则成了一个亦步亦趋的木偶，以大家的标准为行动的准则。

3—6 岁的孩子处于懂事又不懂事的阶段，他们喜欢按着自己的想法行动，顾虑不到他人的感受和事情的结局，闯祸是常有的事情，这也是宝贵的人生经验。一个被父母盯得紧的孩子，失去了自由活动的机会，不敢或者没有探索的兴趣，便错过了成长。

3—6 岁的孩子，当他们犯错误的时候，妈妈要分清是成长性错误还是品德性错误。如果孩子所犯的错误触及是非问题，就跟品德发展有关，那么，就要跟孩子讲清楚，告诉他们不可以这么做的原因，直到孩子懂得在以后的行动中努力克服，就不会形成不良品德。如果是由于孩子的预判能力不足而把事情搞砸，那么就属于成长性错误。对于这类问题，先是就事论事地讲一讲具体该怎么做，为什么就搞砸了，带着孩子练一练，然后再告诉孩子，对于不懂的事情，要先多动脑筋思考，不要贸然行动。

保护孩子天赐的求知心

如果有一天孩子问你："妈妈，为什么月亮出来太阳就不见了，太阳出来月亮就不见了？"如果你不能很准确地回答出来，你可以说不知道，但是不能对孩子说："你怎么这么多问题啊？不见了就不见了呗？想这个干什么啊？"要知道，孩子就该想这样的问题，这是孩子的伟大之处。

没有哪个孩子不问问题，没有哪个孩子不对自然环境、身边的事物产生独特的想法、做出独特的解读。这个时候，妈妈的做法很重要。

1. 满足孩子天赐的求知欲

孩子的求知欲很旺盛，这是他们成长的原动力，外化的表现是对万事万物都很好奇。为了满足自己的好奇心，他们不仅会问，还会动手去做。

有时即使面对孩子那张可爱的笑脸，妈妈也还是懒得回答孩子的问题。要知道，父母这样的态度，对孩子很不公平。孩子的好奇心是天赐的，是服务于成长的，是引领孩子开启美好人生的"金钥匙"。作为父母，要陪孩子使用好这把“钥匙”。

举个例子：在外边玩的时候，一张蜘蛛网都可能引发孩子很多的问题：“妈妈，蜘蛛吃什么啊？”“蜘蛛怎么捉虫子？”“蜘蛛的丝从哪里吐出来？”妈妈如果回答不上这些问题，没关系，和孩子一起查阅相关的资料，即使比较占用时间，也是非常值得的行为。有谁知道，孩子会从“蜘蛛”身上获取什么样的发明与创造的灵感呢？

2. 从生活中学习

3—6 岁的孩子，处于身、心、智发展的关键期。他们的学习和记忆能力非常强，此时，读书、背诵诗歌、学唱歌曲、做手工、学游戏等，都能很快掌握。

但是，父母一定不要把孩子的学习局限于某个看得到的目标上，而是要扩大到更广阔的见闻上，带着孩子“行万里路，阅人无数”。

父母带孩子出去玩，不管去哪个城市，都会带给孩子全新的感觉。孩子的感知觉器官非常敏感，一切新异的景色都会对他们构成刺激，丰富大脑的表象，成为以后思维的材料。

3—6 岁孩子的脑海中储存的知识和表象已经很多了，他们的思维能力、理解能力也大大提升。此时，他们不光看景，还会触景生情，引发各种联想，对头脑里的知识进行再加工，产生新的思维材料。

为了促进孩子的思维和想象，获得更多的人文知识，妈妈除了丰富孩子的生活，还要根据所见所闻启发孩子思考，增强孩子的记忆力。

培养孩子的生活自理能力

孩子进入幼儿园后，虽然有生活老师照顾他们的饮食起居，但是这种照顾是在帮助孩子提升自理能力为核心的前提下展开的。如果孩子基础太差，一点自理能力都没有，套不上袜子，穿不上鞋，裤子半小时也穿不上，势必给老师的工作带来很大的压力，还可能引发孩子的自卑情绪。

很少有孩子在入园之初不发生“入园焦虑”，只是那些生活自理能力差的孩子“入园焦虑”更强烈一些，战胜“入园焦虑”的时间可能会更久一些。

如果孩子自理能力比较强，幼儿园生活相对就比较轻松，不会让他们感觉到有困难，适应新生活的信心和勇气就比较大，“入园焦虑”自然不复存在。

1. 狠下心让孩子自己做

孩子各方面的潜力无限大，拥有很强的可塑性，只要父母教，他们就能学会。

比如，妈妈教孩子穿衣服，夏天的时候，先穿容易穿的短裤，再穿难穿的背心。教的时候嘴里念叨着："衣服放平，伸腿，往上拽，站起来，一提溜，就上去了。"念几遍，孩子记住了，妈妈再让孩子穿就容易了。与穿短裤相比，穿背心要难一些，不要着急，多练几次，孩子就掌握了。

当孩子学会自己穿衣服的时候，妈妈就让他自己穿，不要嫌慢，也不要催促孩子，告诉他："穿好了，咱们就出去玩。"他就会尽力穿。这个时候，即使孩子因为想偷懒而哭闹，妈妈也不要妥协。因为，他们会穿衣服以后，就要培养自己穿的习惯，这是一个过程，可能是一个月，也可能是两个月，直到他们不需要妈妈提醒就主动自己穿衣服了，就是会了。

无论培养孩子穿衣服鞋袜还是吃饭的能力，关键在于父母要狠心，不要觉得这么小就让孩子自己完成，太可怜了。要知道，他们不学着自己做，不感受自己动手最快速的自在，不建立起独立面对生活的乐观品质，未来他们会缺少应对的能力。

2. 把自理能力当成大事来对待

有的家长觉得，培养孩子穿衣、吃饭等自理能力是一件简单的事情，可等他们真正做起来，才发现教会孩子做这些真的不容易。此时，如果妈妈不认真思考，不搞清楚对正处于小肌肉发育阶段、感统能力不是很强的孩子而言，利落地把衣服穿上很有挑战性，那么，他们就不会把培养孩子自理能力这件事纳入对孩子的教育行为中。

孩子的自理能力怎么样，这是一件值得妈妈追踪了解的事情。一周两次或者一周一次，在接送孩子的时候，问一问幼儿园老师，问问孩子在穿衣、吃饭、睡觉等方面是不是能够自理。如果老师回答可以，还要对照一下孩子在家里的表现。

如果孩子在家里连穿背心这么简单的事情都说不会，要妈妈帮忙，此时妈妈就该想到，孩子不是不会做，而是不想做。为什么不想做呢？懒啊！所以，为了避免孩子形成懒惰的品质，妈妈要坚持让孩子自己的事情自己做。

3. 要求太高，不如持续培养

孩子吃饭或者穿衣的能力都是逐步发展起来的，有的孩子可能发展得快一些，有的孩子可能发展得慢一些，但每个孩子最后都能学会吃饭、穿衣。如何让孩子既愿意做这些事，又很快速地做呢？

那就是，妈妈要坦然接受孩子的“慢”，再慢都让孩子自己做，而不是替孩子做。为了赶时间，妈妈替孩子做了几次后，条件反射就形成了，孩子会觉得，我穿得慢没关系，妈妈会给我穿。相反，不管孩子穿得多慢，妈妈都不帮忙，迟到了都不帮忙，而且迟到后没有早餐吃、孩子会饿肚子。孩子尝到苦头后，自然就快起来了。

带孩子运动，身心智全面发展

有位妈妈说，看我家孩子那细胳膊细腿的，我就发愁，怎么才能长出肌肉呢？孩子平时吃饭，想吃什么做什么，吃得也可以，就是没力气。现在的孩子，如果摔了，不管疼不疼，先哭会儿。个别的孩子不哭，还得跟妈妈说："妈妈，我摔了，没哭，勇敢吗？"妈妈得赶紧伸大拇指夸："宝贝表现得特别勇敢！"

如果一个孩子觉得自己摔倒了爬起来是勇敢，另一个孩子觉得自己连滚带爬地攀过了一座土丘，胳膊被蹭破后依然往上爬是勇敢，那么，两个孩子的心理承受力一定是不一样的。

孩子在不同时期的心理承受能力上的区别在于他们的自我控制能力。澳大利亚麦考瑞大学心理学家梅甘·奥腾和生物学家肯恩·程通过实验得出结论：身体训练能提高自控力。

想让孩子成为一个全面发展的人，一定要多运动。

1. 运动促进孩子长高、长壮

幼儿正是长身体的时候，多运动能长得快。

运动能够促进软骨细胞的分裂和增殖，改善血液循环，增加骨细胞的营养供应，促进骨骼的发育。

运动消耗的能量增多，加快了血液循环，进入肌细胞的营养变多，使肌肉新陈代谢机能旺盛，肌细胞长得较大，肌纤维变粗，肌肉就会逐渐变得丰满、结实。而且，在运动过程中肌肉收缩，反复被拉扯，使肌肉和韧带的弹性增大，从而使肌肉抗拉能力提高，力量增大。

2. 运动促进智力发育

运动使人的视觉、听觉、本体感觉、神经传导速度和神经反应过程的灵活性都提高了，反应速度快了，思考的速度、思维的能力也相应地提升了。

运动还能加快神经纤维髓鞘化，这样可使神经传导速度更快。

3. 运动促进健康人格发展

运动能够促进非智力因素的发展。一个热爱运动、坚持运动的孩子，因为身体好，性格会更加开朗，精力会更加充沛，对自己、对周围的环境充满信心，坚持锻炼也会使他们的意志品质更加顽强。

那么，对于3—6岁的孩子，父母该如何恰当地带着他们运动呢？

1. 不同年龄的孩子有不同的运动方式

三四岁的孩子肌肉力量以及耐受力比较差，承受不住强度大的运动，但是，却可以做一些随时都可以进行的运动，比如，在马路牙子上拉着妈妈的手缓步走，边走边聊；和小朋友赛跑、滑滑板车、骑自行车；和妈妈一起绕着小区遛弯儿、逛公园；去小树林里捡树叶、摘野花；坡上坡下跑；在公园里爬高高的台阶；等等。这些运动方式既满足了孩子玩的需要，也促进了孩子身体协调性的培养，有利于他们学会更好地控制身体。

四五岁的孩子骨骼、肌肉、神经系统进一步发育，较之三四岁，在稳定性、灵活性、平衡性方面有了很大的进步。这个时候，他们滑滑板车、骑自行车的速度更快了，玩滑梯的方式更多了。可以去户外和小朋友一起玩拍球、扔球、踢球的活动；和小朋友一起，在社区里玩运动器械。此时，妈妈带孩子出去玩可以走得更远一些，进一步锻炼孩子的身体耐力。

五六岁的孩子运动能力较以前有了更大进步，他们可以单腿跳，还可以跳绳，攀爬的能力也很强，肌肉有了一定的负重能力，可以肩背手提一些比较重的物品。此时，如果孩子喜欢，可以考虑学习一些体育项目，比如跆拳道、武术、乒乓球、篮球、羽毛球等。

2. 亲子运动最有趣

孩子特别喜欢一家人在一起游玩，闲适而自在地出行，无论是散步还是爬山，孩子都会欢呼雀跃。亲子运动的项目也很多，可以根据孩子的年龄、运动能力来安排。

如果有半天以上的时间，可以带一些饮食，全家一起去离家比较远的风景优美的地方，散步、看风景、观赏植物，边走边玩，饿了坐下来野餐。这种有氧运动愉悦的不光是孩子，还有大人。在大自然的怀抱里，孩子的天性很容易被唤起，他们可能会在草坡上爬、滚、跳跃、亲吻小草和小花。这个时候，父母可以跟孩子一起“疯狂”，还可以带着孩子认小草、认小花。在夏季，还可以鼓励孩子脱掉鞋子，光脚踩一踩，提升孩子对草地、土地、沙子的感受力。

大人还可以带孩子去体育场、运动馆等，玩一些专门的项目，比如，游泳、网球、跑步、竞走等。在体育场里，爸爸妈妈和孩子比赛竞走、爬行、滚坡、扔沙包等，带有比拼意味的趣味游戏，更能增进亲子感情。

3. 拍照留念，促使孩子更爱运动

在孩子运动、玩耍、游玩的时候，妈妈给孩子拍照留念，并打印出来，放到相册里。闲暇时，和孩子一起看看之前的照片，讨论运动时、运动后的感受，促进孩子从对运动的体验中获取对运动的深度认知，从而爱上运动，经常参与运动。

支持探索与发现，崇尚科学精神

玲玲想吃馒头。妈妈说："那咱们今天就蒸馒头吧。"妈妈和面，玲玲也要参与进来："妈妈，我想和你一起和面。"妈妈拿出发酵粉，玲玲问："这是什么啊？"妈妈说："这是酵母，用来发面的。"妈妈一边做，一边对玲玲说："酵母先用温水沏好，搅拌均匀，然后放进面里。揉好面后，用一个盆盖上，先放一会儿。等面发起来后，就可以做馒头了。"做馒头的时候，玲玲跟妈妈要了一块面，要自己去玩。玩着玩着，玲玲问妈妈："妈妈，你刚才为什么要用酵母啊？"妈妈说："酵母是一种菌，它们在面团中进行新陈代谢，产生利于人体吸收的营养和风味物质，并产生二氧化碳气体。妈妈发面的时候，在面盆上盖了个盖子用来保温，这样面团热乎乎的，使得酵母充分繁殖，产生气体，促使面团膨胀，就可以蒸馒头了。"

吃馒头的时候，玲玲不停地喊："太好吃，太好吃了。妈妈，馒头为什么嚼起来甜甜的呢？"妈妈说："馒头吃到嘴里后，在牙齿的咀嚼和舌头的搅拌下，与唾液充分混合，唾液里含有的唾液淀粉酶能够将淀粉分解为麦芽糖，于是，我们就感觉甜甜的了。”玲玲重复了一句：“是麦芽糖啊。妈妈，你为什么懂得这么多呢？”妈妈说：“妈妈读书多，爱学习科学知识，所以就了解了。”玲玲说：“我也要多学习知识。”妈妈点点头说：“是啊，一定要多学习科学知识。”

当一个人拥有科学精神，他就能拒绝一切不科学的内容。从小培养孩子的科学精神，离不开良好的科学教育。

《幼儿园教育指导纲要》中也明确提出：“科学教育应密切联系幼儿的实际生活，应利用身边的事物与现象作为科学探索的对象。”在孩子眼中，世界充满了无穷的乐趣，看什么都很新鲜，所以，他们要看、要闻、要摸、要问、要拿、要改变……这个时候，妈妈该怎么办呢？

1. 妈妈要接受孩子的科学探索欲望

妈妈要懂得孩子不断问问题、各种鼓捣和折腾，都是在对世界的好奇心驱使下的探索行为，是孩子宝贵的天然属性，是开启伟大的科学之门的钥匙。妈妈要支持，不能打击。

在生活中，如果孩子有以下表现，妈妈要想到，这些行为与科学紧密相关，包含着孩子对科学的好奇、探索、以及他们天然的科学素养，大人要以支持的态度对待。

雨过天晴，孩子在树林里玩的时候，孩子看到一朵蘑菇，问妈妈：“妈妈，这是什么？”或者问妈妈：“妈妈，这里怎么长蘑菇了？”

妈妈带孩子在郊外野餐，孩子说：“妈妈，我要把这个桃子种在泥土里，下次来的时候，能长桃子吗？”

孩子说：“妈妈，咱家养点什么吧？牛啊、羊啊，都可以。多养几头啊！”

某一天，家里养的小乌龟死了，孩子很伤心，问妈妈：“小乌龟为什么死了呢？”

妈妈用水泡发银耳，孩子看到了，问妈妈：“这些银耳怎么比刚才大了好几倍呢？”

孩子问：“妈妈，下雨的时候，为什么会打雷呢？”

孩子问：“为什么绿色的叶子就变成黄色的了呢？它们是怎么变的呢？”

孩子自己舀了一勺子面，他要和面，做饺子，妈妈允许了。可是，当面粘手后，他又开始哭，问妈妈：“面怎么这么粘手啊？我的手怎么办啊？”

孩子提出的这些问题包含着一定的科学知识，妈妈告诉他们并引发出更多相关的科学知识。和孩子一起想一想、讲一讲、做一做，都是很好的科学启蒙。

2. 和孩子一起探索未知

妈妈需要有这样的意识：科学不仅仅是知识，也是一个过程。事实上，很多科学原理都是经过严密的科学实验得出来的，而这之前，就是对未知的好奇。从好奇到研究到结果，这样一个科学研究的过程与孩子们的好奇、想法、制作，框架是一致的，区别在于科学研究更严肃、严谨、精确，孩子们的小制作更随性一些。

既然目标通向的都是对未知的探索，那么，当孩子在某方面产生好奇的时候，妈妈和他一起讨论、探索原因、按孩子的想法去实践……在这个过程中会用到科学常识和科学原理，孩子认识了、了解了、能用来解释生活现象了，就被启蒙了。

举个例子：某一天，佳佳发现家里的绿植魔豆的整个身体歪向了阳台，她很担心，于是问爸爸：“爸爸，这棵植物是不是要死了？你看，这个样子了！”爸爸说：“没事儿。这种植物具有向阳性，咱家阳台正是阳光照射进来的方向，所以，就向那边倒了。”接着，爷儿俩又探索了阳光在植物生长过程中的作用，佳佳听得眼睛都舍不得眨一下，此时，她的心中已然种下了一粒科学的种子。

尊重孩子的兴趣爱好

现在的父母在孩子的培养方面不遗余力，期待孩子有某方面的才艺，以便未来的人生多一种选择、多一份乐趣。

瑶瑶五岁，上幼儿园中班，妈妈还给她报了芭蕾班、画画班、口才班、围棋班。妈妈说了，先学着，上小学后，还有增减。孩子感兴趣、愿意学的项目就坚持，不喜欢学的就去掉。

不管父母对孩子的未来抱有什么样的期待，从孩子的个性特点出发，发展兴趣爱好，更利于孩子发挥自身的主观能动性，也是尊重孩子成长的体现。

兴趣是人们探究某种事物或从事某种活动的心理倾向，它以认识和探索外界的需要为基础，是推动人们认识事物、探求真理的重要动机。

当兴趣不是指向认识的对象，而是指向某种活动时，这种动机就叫爱好，如对体育、绘画、书法等的爱好。

五六岁的孩子，他们有什么兴趣爱好，已经有所呈现。即使他们没有说喜欢唱歌，大人也能通过他们的日常表现观察出来。一个听了几遍就能把一首歌唱出来的孩子，父母就有必要考虑一下是否在音乐领域来培养他了。

尊重孩子的兴趣爱好，不是当孩子说出来，大人要听从，而是父母通过观察孩子的行动或者专业人员的评估，发现孩子的优势智能，从而给孩子创造接触的机会，如果孩子喜欢，就着力发展。

1. 创造更丰富的情境，给孩子展示的机会

如果发现孩子有某方面的优势智能，但是并未发展成持久的兴趣爱好，那么，就为孩子创造相关的情境，当孩子置身于某种情境中后，优势智能不断地被激发，就能发展成稳定的兴趣爱好。

举个例子：如果大人发现孩子有绘画天赋，随便涂鸦就成画。这个时候，不妨带孩子去参加画展、接触绘画大师、进入绘画班，长此以往，孩子就会参与到绘画中，喜欢上绘画。

2. 尊重孩子的意愿，不强迫孩子

即使孩子拥有某方面的优势智能，大人也想培养孩子这方面的特长，但也不能强迫孩子学。慢慢引导孩子发生兴趣，他们才会产生学的动机，在学习过程中感受到美、愉悦、满足，才会热爱。强迫孩子去学，万一他们产生逆反情绪，就会很遗憾。

有的父母希望孩子成才成名成家的愿望特别强烈，为孩子安排的学习任务特别重。这么做很可能打击孩子的学习积极性。秉持着发展孩子兴趣爱好的心愿，慢慢来，时机到了，理想的种子自然会发芽。

3. 尊重孩子的需要，不把孩子的特长当作炫耀的资本

不经意间，父母就可能跟外人说出自家孩子在某方面很有天赋或者取得了什么样的成绩，或者拿自己孩子和别的孩子比。如果没有经过孩子的允许，这么做可能会给孩子带来压力。

压力有时候是动力，有时候可能会误导孩子，让孩子觉得自己是为父母学，学不好父母就不喜欢自己了，这么想，必然会削弱学习的动力。

父母带着一种“只需努力，莫问前程”的心态，大力发展孩子的兴趣爱好，竭尽全力去支持，会让孩子在自己喜欢的领域里自由探索。孩子在这个过程中轻松而快乐，必然会取得不错的成绩。

4. 多多强化孩子的兴趣行为

幼儿学习才艺，需要持久的、反复的练习，会比较枯燥。比如，弹钢琴、唱曲子、打篮球、滑旱冰、书法、快板等。当孩子完成练习任务后，会有一种满足感。此时，父母说一句“今天很努力，状态很好，进步很大”，就能促进孩子认真练习。

心理学上有一种行为养成技术，叫作正强化。什么意思呢？就是当有机体做出某一行为后，导致刺激的出现或刺激强度的增加，并且提高了该行为在今后发生概率的过程。

对于自我评价能力尚处于发展阶段的孩子来讲，父母的鼓励、赞赏，对他们有很强的激烈作用。在特定的情境中，幼儿在做出某一行为后，如果父母给予肯定和鼓励，以后面临相似情境时，幼儿就更有可能出现该行为或心理。

第 8 章

家园共育：促进孩子心理健康

对大部分孩子来讲，上着上着就会爱上幼儿园，焦虑情绪只在入园的时候比较明显。即使这样，妈妈还是期待孩子尽快适应幼儿园生活，不迟到、不拘谨、不哭泣，在幼儿园快快乐乐过好每一天。那么，怎么做才能让孩子尽早开开心心地入园呢？这是妈妈必须持续思考的内容。

孩子产生入园焦虑，大人无须崩溃

孩子入园时，会因为分离而产生焦虑情绪。焦虑是依恋的一个关键特征，是个体与依恋对象分离时产生的烦躁情绪。孩子和妈妈建立了依恋关系，待在幼儿园里就会想妈妈，担心妈妈不来接他、担心妈妈不想他、担心妈妈没有待在家里去了远处。

孩子上幼儿园哭的原因：一是对陌生环境的恐惧，陌生环境给孩子带来了很大的不确定性，孩子感到不安，进而更加怀念熟悉的生活；二是孩子和妈妈分离后，看不到妈妈，不知道妈妈在做什么，感到情感联结断裂，会因为思念妈妈而哭闹。

一段时间后，孩子对新的环境建立了安全感，孩子认识到这种时空分离没能阻碍妈妈对自己的爱，到时间妈妈就会接自己回家，他们没有什么可担心的，就不哭不闹了。

面对孩子的入园焦虑，妈妈怎么做才更利于孩子心智发展，才有助于他们尽快适应幼儿园生活呢？

1. 没必要因孩子产生入园焦虑而崩溃

曾经看到一篇文章，讲过一个小女孩第一天入园的情景。早晨，父亲拉着穿着新衣服的女儿的手走在路上，从头到脚焕然一新的女儿没有因为穿新衣服而开心，而是为自己将要被“扔”进幼儿园而满心惆怅。她问爸爸:“为什么要去幼儿园？我做错了什么？”爸爸说:“入园不是一种惩罚，幼儿园是让孩子们找好朋友的地方。”虽然女孩不相信这样的话，但是她被父亲送进幼儿园以后，情况却变了。

进幼儿园没一会儿，女孩就开始交朋友了。一天下来，她交了很多朋友，玩了各种各样的游戏，虽然在幼儿园里不遵守纪律的时候也会被老师批评，但是她觉得，上幼儿园是能够带来快乐的。

事实就是如这个故事中讲的那样，孩子会有入园焦虑，但最终他们都会适应幼儿园的生活。

妈妈看到孩子哭自己也跟着哭或者孩子入园一天妈妈在家里是食不甘味一天，这些都体现了妈妈的不自信。既然孩子已经到了入园的年龄，就具备了应对分离、过园内生活、承受思念妈妈的痛苦的心理水平。妈妈足够自信，认为孩子行，给孩子正向的支持，孩子就会拥有战胜困难的勇气。

妈妈即使控制不住对孩子的思念，也不要去幼儿园外面看着，那样反倒勾起了孩子的思念情绪。另外，也不要给老师打电话，新生入园的那几天，老师们忙着安抚孩子，实在不宜打扰，如果孩子有情况的话，他们一定会及时反馈。

2. 要认识到入园是成长的机会

孩子入园的时候和妈妈的分离，是他们人生当中一次非常重要的经历。在这个过程中，孩子对分离有了认知，他们知道入园后和妈妈分离，放学后还会相聚。自己在幼儿园，妈妈去工作，最后，妈妈来到幼儿园接自己回家，一家人在家里相聚。这样的心路历程包含时间、空间的变化以及人物的不变，孩子体会并理解了这些后，知道自己还能回到家里，焦虑就会减少。

孩子每战胜一次挫折，就是经受了一次心理承受力的锻炼，对自己就有了新的评价，对挫折就有了更客观的认识。下一次，当他们面对挫折的时候，就不会茫然无措，更不会轻易缴械投降。显然，一个上了幼儿园的孩子，接受起与妈妈的短期分离会更容易。

3. 孩子的入园焦虑，直面最好

有的妈妈为了避免发生幼儿园门口伤别离的场景，她们选择让孩子坐校车去幼儿园。这种情况孩子确实哭得较少，但是，在较长的一段时间里，孩子发生上火的情况比较多，如发热、长口疮等，后续不断发生，会因此而耽误入园。反倒是那些入园之初尽情哭闹的孩子，因为当时发泄了不良情绪，等到适应之后，就不会因为入园焦虑而出状况，生活反倒轻松起来。

4. 观察孩子，缓解焦虑

妈妈可以通过观察孩子的行动来确定他们是否适应了幼儿园的生活。一个快快乐乐地走出幼儿园的孩子，他在幼儿园的生活一定是如鱼得水的。

回到家后，他会有意无意地把在幼儿园经历的事情讲出来，很自豪的样子，说明孩子并不排斥幼儿园。看幼儿园老师拍的活动照片，如果孩子很好地融入进去，有着发自内心的笑容，说明孩子喜欢和大家一起玩。

5. 亲自接送孩子的准备

有的孩子会要求："妈妈，你送我去幼儿园。"这个要求一点儿都不过分。和妈妈一起走在去幼儿园的路上，会带给孩子安全感。一路上，和妈妈聊天带来的快乐感觉，会带给孩子好的入园心情。

在路上，孩子会跟妈妈说："妈妈，第一个来接我啊！"我们亲口答应孩子并坚决做到，会帮助孩子理解上幼儿园是一个由分离到重聚的过程，到时间了，妈妈就会把自己接回家。

妈妈巧妙地安排自己的时间，让孩子在走出幼儿园的一瞬间就因为看到妈妈而安心，他们的被重视、被关爱、被惦记的感觉会在他们离开家去上幼儿园的时候，增强内心的安全感，使得他们不再那么无助。

妈妈为孩子入园做好准备，是对幼儿园工作的支持

3 岁，每个孩子都要面临入园，而每位妈妈将要面对和孩子长达一天的分离。妈妈们都期待孩子能够走进幼儿园过集体生活，自己也有时间做自己的事了。但是，妈妈也要做好心理准备，因为那可能会是一段比较难受的亲子分离过程。

3 岁的孩子拥有了自我意识，并掌握了大量社会可接受的行为标准和社会规则，拥有了一定的生活、交往技能，情绪逐渐趋于稳定并带有人格化倾向。可以说，身体、智力、情绪发展、社会交往各个方面都做好了进入幼儿园过集体生活的准备。也就是说，只要父母教养有方，孩子身心发育正常，就能够接受与父母的分离，去幼儿园过集体生活。

即使这样，妈妈也要允许并接受孩子在一段时间内表现出来的对入园的抗拒、不适应，并做好心理准备，孩子才能尽快适应幼儿园生活。孩子适应幼儿园生活越快，老师的工作越能快速步入正轨。所以，妈妈做好和孩子分离的心理准备，一定程度上是对老师工作的支持。

1. 妈妈调节好自己的心情

举个例子：当妈妈熬夜到凌晨一两点才休息，那么，第二天早晨很可能会因为睡眠不足而心情不好。研究显示，在睡眠匮乏的情况下，杏仁体处于高度警惕、随时准备采取急性应激反应的状态，情绪波动比正常状态下要加剧60%左右。

刚上幼儿园或者不喜欢上幼儿园的孩子，最可能闹腾的时间就是清晨起床的时候或走出家门的时候。当孩子哼哼唧唧、哭着闹着不出门的时候，妈妈在劝说无效的情况下会很烦躁，忍不住情绪爆发："天天哭，能不能不哭啊？""看你我就烦，我走了！"

即使最后孩子走进了幼儿园，这一天的园内生活也是从不快乐开始的。其间会想妈妈，还会担心妈妈是否爱自己，难免会流眼泪。这一天，妈妈也会因为早晨没有控制住情绪而担心孩子这一天过得不容易，但是，已经发火了，留下的只有遗憾。

如果妈妈晚上休息得好，第二天精神状态好，当孩子有情绪的时候，妈妈就不会发火，能接纳孩子的不良情绪。孩子的情绪发泄了，也从妈妈那里得到了安抚，会觉得妈妈很爱自己，即使到了幼儿园会有分离焦虑，因为内心的安全感还在，入园后基本也能高兴起来。

当然，影响妈妈心情的除了睡眠以外，还有家庭琐事、夫妻关系、工作、生理情况等。为了不让自己的不良情绪与孩子的情绪相撞，父母要先处理好自己的心情，再去面对孩子。对于刚入园的孩子来讲，他们需要一段时间来消化亲子分离的痛苦和适应陌生环境的恐惧，妈妈做他们强有力的情感支撑更能增加他们的勇气。

2. 做好迎接孩子反常行为的准备

有的孩子入园的时候不哭不闹，妈妈觉得孩子适应力不错，可是，没过几天，孩子就发热、长口疮。这是入园带来的分离焦虑和对陌生环境的恐惧没有发泄出去，也没有得到有效地排解，憋在心里，憋出火来了。

有的孩子擅于发泄，从幼儿园回来，就开始找碴儿。他们可能会因为一件小小的事情而号啕大哭；他们可能会让妈妈去找已经不怎么玩的一件玩具，等妈妈翻遍几个玩具筐找到后，他却不玩；他们还可能分分秒秒跟在妈妈后面说："妈妈，我明天不去幼儿园。"面对孩子的这种"找碴儿"的表现，父母要明白，这是他们在通过折磨最亲爱的人发泄心中的不痛快，只是阶段性的情绪反应。

3. 身体抵抗力准备：吃好喝好，身体棒

孩子吃得好，营养摄入充分，身体抵抗力强，当病菌袭来时，就能扛住。春季气温变化较大，细菌、病毒等微生物开始繁殖，活动力增强，此时，多让孩子吃含有维生素 E 的芝麻、绿色卷心菜、菜花等食物，能提高身体免疫功能，增强抗病能力。夏季感冒相对较少，防暑降温很关键，多吃西瓜、西红柿等。秋天应以防燥润肺为主，多吃梨、甘蔗等，可以避免肺热痰多。冬季，天气寒冷，多摄入富含碳水化合物和脂肪的食物，如瘦肉、鸡蛋、鱼类、乳类、豆类及其制品等，当然，水果和蔬菜也是必不可少的。

喝水是孩子成长过程中的大事，一年四季都不可以疏忽。喝水可以促进肠胃蠕动，加快身体代谢循环，促进身体废物的排出，避免因为天气干

燥导致的上火、嗓子干痒、咳嗽等症状。

4. 拿捏好孩子的穿衣标准

“有一种冷是妈妈觉得你冷。”“有一种冷是奶奶觉得你冷。”什么意思？大人觉得你冷，就给你多穿衣服，至于孩子究竟冷不冷，他们不管。很多大人给孩子穿衣服以比大人多一件为宜。其实，孩子的体温比大人高，活动能力强，活动量也大，如果穿得比大人多，孩子活动起来容易出汗，出汗后遇到冷空气更容易感冒。

如果妈妈拿捏不好应该给孩子穿多少，那么，给孩子穿好衣服后，让孩子自然活动10分钟，然后把手伸到孩子脖子后面，如果身体温热说明正好，有些汗的话说明穿多了，很干凉的话说明穿少了。日常生活中就以手感来判断孩子穿的衣服是否合适。遇到换季的时候，多看看天气预报，了解气温增减情况，然后遵循以下原则增减衣服：春天慢减衣、冬天慢加衣，早晚多件衣，出门进门加减衣。

做好集体意识启蒙

老师布置任务，让有时间的家长做一些环创作品，放到幼儿园的科学园地。明明的妈妈正好休息，就设计制作了一个交通路段模型，有马路、红绿灯、岗亭。妈妈用了多种颜色的彩纸，做出来的模型很醒目，也很好看。第二天，妈妈送明明去幼儿园，谁知，明明不愿意带这个模型，说要放在家里。妈妈说："放在家里，小朋友们怎么能够看到呢？这本来就是给大家欣赏的啊！"

听了妈妈的话，明明想了个妥协的方法："我带到幼儿园里，然后晚上带回来可以吗？"妈妈说："不可以，带过去就放幼儿园了，让大家欣赏的。幼儿园的科学园地要靠大家一起建设，你带回来，大家就看不到了。"

明明答应了。

当孩子入园以后，他们进入了集体生活，过集体生活就需要有集体意识才能过得快乐。显然，刚入园的孩子不具备这方面的素质，可以利用这个机会来培养孩子的集体意识。

培养孩子的集体意识隐含在帮助孩子适应和融入集体生活之中，涉及引导他们尊重和遵守集体规则、理解和支持同伴利益与集体利益。鉴于孩子的事情无小事，妈妈要从细微处着手，孩子的思维仍处于具象思维阶段，最好结合具体案例，循循善诱，不要急于求成。

1. 入园后，集体意识萌芽

当孩子入园后，即使他平日里又哭又闹不想和妈妈分开，妈妈也会听到孩子说出这样的话：“这是我们班的小朋友。”“他不是我们班的，如果是我们班的小朋友，我就给他玩小汽车。”“往那边走，是我们幼儿园。”

孩子在说话、做事的过程中，会不自觉地流露出带有班级风格的话语，体现了孩子在幼儿园生活中的身份以及对园所的归属感，这就是集体意识。这个时候，妈妈顺着孩子的思路和他聊聊幼儿园里的故事、老师对小朋友的关爱、小朋友之间发生的快乐事情，能够拉近孩子和幼儿园的距离，增进孩子和园所的感情。

幼儿园组织的亲子活动妈妈最好参加，在这种活动中，孩子的快乐会翻倍。和妈妈在一起孩子的安全感很强，玩起来更放得开，在活动中的表现会更踊跃，使得孩子对幼儿园的感觉更加美好。

2. 集体规则：按次序来

三四岁的孩子好奇心特别强，自我控制力差，在家里过了几年“说一不二”的日子，初到幼儿园，会有一种不管不顾他人的状态：见到喜欢的玩具，不管有没有小朋友在玩，拿起来就走。这个时候，老师的评判原则是谁先拿到谁先玩，那么，后拿到的小朋友就会觉得很委屈。为了不让孩子因为不理解而产生心理落差影响入园的心情，妈妈要及时给孩子上一堂秩序课。让孩子明白，在幼儿园里，和小朋友在一起，做事情是按着次序来的，要排队，如果排在后面就要等待。

到了幼儿园中班、大班以后，孩子基本就养成了按次序来的习惯，也能接受欲望的延迟满足。而且，有的孩子还能够谦让、照顾别人，这样的表现非常利于小朋友之间的团结友爱，使得集体生活更温暖。

3. 为集体做事

为大家做事，可以带给孩子一定的满足感，从而增强他们的责任感。比如，老师做盆栽，喊孩子们过来帮忙，结束后，老师总结一句："这回，咱们班的科学角就更美丽了。谢谢你们为班集体做了贡献。"孩子内心的荣誉感就能生发出来。

4. 玩集体游戏

现在可玩的集体游戏很多，比如积木、轨道车、棋盘、沙子等。让孩子们一起建造一个"大房子"、拼搭一个"大庭院"、安全通过轨道车等，整个过程需要大家商量才能玩好。当然，孩子在玩耍的过程中，可能会出现你不让我、我不让你的情况。这个时候，只要老师引导有方，孩子们最终会做到互相谦让。

为什么这么说呢？这个年龄段的孩子已经有了一定的判断力，他们懂得僵持下去谁都玩不好，合作才能顺利地玩下去。在这个过程中，他们认识到个人与集体的关系，懂得在集体活动中应该控制自己的情绪，集体意识自然而然地就增强了。

接受老师建议，管理好孩子的睡眠

在孩子睡觉这个问题上，妈妈如果不尽早解决，后面一定会吃一些苦头。在大人看来，孩子在幼儿园待一天了，比较累，晚上就该早点睡觉。睡足了，第二天早早起来。可是，很多孩子做不到这一点。从幼儿园回来后，他们不但在家里玩，还要出去玩。如果小朋友足够多，玩到晚上 10 点都不回家，回来再洗澡之类的，躺下就快 11 点了。第二天到了起床时间还睡得特别香，父母都不忍心喊他。怎么办？即使幼儿园的考勤制度不像小学一样严格，总迟到也是个坏习惯。晚睡早起，缩短孩子的睡眠时间更不行。

睡眠是生物机体的本能行为之一，睡眠可以使人体获得休息，从疲劳中恢复精力，是维持种族延续和个体生存的必要行为之一。心理学上的睡眠剥夺实验早就证明，睡眠被剥夺 200 小时，可能会导致人的情绪不稳定、易激怒、注意力涣散、记忆减退、思维迟钝和偏执状态等。

所以，儿童睡眠充足，不仅有利于身体的发育，同时也是心理健康的保证。那么，怎么做才能让孩子按时睡觉呢?

1. 玩的需求要满足

对 3—6 岁的孩子来讲，游戏是他们的主导活动。玩游戏不但能促进孩子的智力发育，还能促进心理健康。

在孩子玩游戏的过程中，他们会充分利用游戏中的角色表达自己内心的想法。有什么委屈、不开心，他们会借助游戏角色表达出来，没窝在心里，就不会上火。

所以，因为担心孩子玩起来没节制而影响休息就不让孩子玩，这种想法不可取。对这个年龄段的孩子来讲，玩耍是“刚需”，没有什么可以阻挡。

另外，对精力旺盛的孩子来讲，上了一天幼儿园，他们还很有劲头，得玩玩、练练，多消耗精力，才能踏实入睡。否则，孩子待在家里不睡觉，还会想招儿折磨大人。

2. 提前规划好怎么玩

比较适合的玩法有两种，一种是约小伙伴来家里玩，或者去小伙伴家里玩，以此满足孩子对与同伴交往的渴望。从 3 岁开始，幼儿游戏的社会性水平逐渐提高。到了 4 岁，孩子与同伴交往的愿望更加强烈，他们对多角色的集体性游戏表现出更大的兴趣，并努力去理解和表现自己所扮演的角色。有时，他们只是玩一些简单的游戏，看似各玩各的，也会互相讨论，偶尔还会争论得面红脖子粗，甚至把对方给气哭了。

如果遇到孩子哭了的情况，等时间过去得差不多了，就促成孩子们和好，约定好明天继续玩，今天先再见。即使玩得开心，也要在规定的时间结束。

另一种是去户外玩，特别是温度适宜的季节，外边孩子很多，各自带着玩具或者运动器械，在广场上要么自己玩，要么大家一起追赶着玩。这种玩耍方式最容易出现玩不够的情况。所以，出门之前就同孩子说好几点回家，20 点之前回家为好。一定要跟孩子说，按时回家，第二天才能继续出门玩，否则，第二天就不出来玩了。一般情况下，孩子都能乖乖地回家。

3. 睡前故事

有相当一部分孩子，洗完澡、躺在床上后会要求听故事。很多妈妈会满足孩子的需要，每晚读故事或者讲故事。孩子在累了的情况下，一般半小时以内就能睡着。所以，从小给孩子养成讲睡前故事习惯的妈妈，可以在孩子入园之后，用此方法帮助孩子尽快入睡。

4. 补充食物

有的时候，孩子闹着不睡觉，可能是饿的。从幼儿园吃完饭回家后，他们一般不饿，大人吃饭的时候，他们吃不下。但是到了晚上八九点，他们可能会因为饿而睡不着觉。为此，就要提前做好准备，给孩子做点饺子、包子或者面条等，到了 7 点钟以后，问问孩子是不是饿了，如果饿的话，就给孩子做点吃的。这样，孩子就不至于到了八九点以后因为饿再吃饭了。

有的时候，孩子可能隐隐有一点饿，吃不下主食，那么，给孩子喝点奶、吃点水果等，肚子也就饱了。

多与老师沟通，配合好孩子的教育

一位幼儿园老师告诉孩子妈妈：“让孩子在家里好好练练拿勺子、夹菜的技能。”谁知妈妈说：“没事，让我家孩子慢点吃，少吃点也没关系。”这位家长显然没有理解老师话里的潜台词，老师的意思其实是孩子在幼儿园吃饭慢，会吃不饱，影响发育。

作为父母，如果能够和老师勤沟通，互相配合，发现孩子的不足后，共同努力解决孩子遇到的成长困难，那么，孩子就会进步很快。

1. 承担相应的教养责任

3–6 岁入园阶段，是孩子生活习惯、行为习惯、性格发展的关键期。家庭作为孩子成长的主阵地，对孩子影响很大。父母承担着更多的教育孩子的任务。

孩子入园以后，一周五天在幼儿园度过，这是孩子成长必须经历的社会化阶段，父母支持孩子幼儿园生活的同时，也不要忘了，承担教育孩子的责任，多关注孩子身心发展。

父母关注孩子的身心发展，才会有意识地学习如何跟老师相处，才会保持跟老师的顺畅沟通，和老师携手助力孩子成长。

有个孩子在幼儿园里经常毁坏物品，墙上的绘画作品、老师的文创、读书角的书籍、彩笔等，常常被他弄坏。老师跟他父母反映情况，他父母却说："这孩子在家也这样，我天天说，不管用。麻烦老师，多费心了。"

职责所在，老师当然不会辜负父母的期待，对这样的孩子一定会多费心。但是，从父母的角度讲，要积极想办法解决问题，寻找孩子行为背后的原因，帮助孩子建立正确的行为模式。

即使孩子的不良行为是入园以后出现的，父母也要积极寻找家庭方面的原因，和老师一起努力，帮助孩子进步。

2. 在老师面前，父母要虚心、主动

孩子入园后，白天，他们的照顾者从父母变成了老师。父母都期待孩子受到贴心的关爱，顺利成长。

父母要懂得，孩子身上的一些成长问题，老师发现了，可能不会及时反馈。此时，需要父母主动一点儿，虚心向老师求教，获知孩子在园内的真实表现。

老师感受到父母对孩子成长的关心，自然而然会更关注这个孩子，把孩子在园内的行为表现反馈给父母。父母也就能够通过孩子的行为表现判断孩子的身心发展情况，调整自己的教育方案。

3. 抓住老师反馈的机会，了解孩子的在园情况

父母接送孩子的时候，老师会借机跟父母聊聊孩子的在园情况。

此时，父母除了洗耳恭听，还要结合孩子平时在家的表现，提出相关问题。比如，孩子放学回来后，常常情绪不好，因一点儿小事就哭闹。父母就有必要问问老师，孩子在园里是不是很快乐，有没有耍小脾气，跟同学相处得怎么样。如果在园里也这样，父母就要多陪伴孩子，找到孩子不开心的原因，帮助孩子形成快乐、大度的心态。

一些老师为了和父母建立良好的关系，不让父母失望，当孩子犯错或表现不好的时候，他们跟父母反映情况，措辞会比较委婉。此时，父母可以给老师一颗定心丸："我们欢迎您如实反映孩子的在园情况，这样，便于我们帮助孩子健康成长。"这样，老师心中没有顾虑，就会如实反映孩子的情况。

从父母的角度讲，获得孩子在园的情况越客观、准确，越能了解孩子的思想和行为，越能有的放矢地对孩子施以教育。